中国雷电监测报告

(2013)

中国气象局　编

气象出版社

China Meteorological Press

内容简介

本书对 2013 年国家雷电监测网监测到云地闪的位置和密度进行了时空分析统计。首先,介绍了 2013 年全国各月雷电活动情况,统计分析了 2013 年全年雷电(回击)密度、雷暴日、雷电小时数、雷电极性、雷电频数、平均强度和雷电发生规律等各项雷电气候参数。其次,详细分析了全国各省(区、市)的雷电活动特征。最后,本书总结了 2013 年中国气象局针对其他部门和行业开展的雷电监测公共服务和专项服务工作。

本书是一部 2013 年雷电活动的资料和工具书,可供气象领域的科学研究、教学人员使用,也可供电力、农业、航天航空、交通、地理等部门进行防灾减灾决策等参考。

图书在版编目(CIP)数据

中国雷电监测报告.2013/中国气象局编.—北京:气象出版社,2015.6

ISBN 978-7-5029-6145-9

Ⅰ.①中⋯　Ⅱ.①中⋯　Ⅲ.①雷-监测-研究报告-中国-2013 ②闪电-监测-研究报告-中国-2013　Ⅳ.①P427.32

中国版本图书馆 CIP 数据核字(2015)第 114046 号

Zhongguo Leidian Jiance Baogao

中国雷电监测报告(2013)
中国气象局编

出版发行:气象出版社			
地　　址:北京市海淀区中关村南大街 46 号		邮政编码:100081	
总 编 室:010-68407112		发 行 部:010-68409198	
网　　址:http://www.qxcbs.com		E-mail: qxcbs@cma.gov.cn	
责任编辑:陈　红		终　　审:阳世勇	
封面设计:博雅思企划		责任技编:吴庭芳	
印　　刷:北京地大天成印务有限公司			
开　　本:787mm×1092mm　1/16		印　　张:7.25	
版　　次:2015 年 6 月第 1 版		字　　数:180 千字	
印　　次:2015 年 6 月第 1 次印刷			
定　　价:50.00 元			

前　言

　　雷电(闪电)是自然大气中超长距离的强放电过程,能产生强烈的发光和发声现象,通常伴随着强对流天气过程发生。雷电因其强大的电流、炙热的高温、猛烈的冲击波以及强烈的电磁辐射等物理效应而能够在瞬间产生巨大的破坏作用,常常导致人员伤亡,击毁建筑物、供配电系统,引起森林火灾,造成计算机信息系统中断、炼油厂、油田等燃烧甚至爆炸,危害人民财产和人身安全,也会严重威胁航空航天等运载工具的安全。雷电灾害是"联合国国际减灾十年"公布的影响人类活动的严重灾害之一,被国际电工委员会(IEC)称为"电子化时代的一大公害"。我国的雷电灾害具有发生频次多、范围广、危害严重、社会影响大的特点,严重威胁着我国的社会公共安全和人民生命财产安全。

　　截至 2013 年 12 月,中国气象局国家雷电监测网共拥有监测站 347 个,在 2012 年原有的基础上新增雷电监测站 13 个,新增站点主要分布在新疆、山西和河南,覆盖面积比 2012 年进一步扩大,为全国的雷电监测与预警服务打下了良好的基础。

　　《中国雷电监测报告(2013)》对 2013 年国家雷电监测网监测到的中国陆地区域云地闪特征进行了时空统计分析。全书共分五部分,第一部分总结了 2013 年 1—12 月份各月雷电活动极性、雷电活动地域特征和时间特征,并对全年雷电活动的时空特征作了总结。第二部分统计了 2013 年全年雷电(回击)密度、雷暴日、雷暴小时数、雷电极性、雷电频数、平均强度和发生规律等各项雷电气候参数,揭示了 2013 年雷电活动的强度、极性以及频繁程度等特征。第三部分分析了 31 个省(区、市)的雷电活动时空特征。第四、五部分主要介绍了针对其他部门和行业开展的雷电监测公共服务和专项服务工作情况。

　　本书在编撰过程中得到各个方面的大力支持和热情鼓励,特别感谢中国气象局气象探测中心的领导、专家和同仁们对本书提出的宝贵意见和给予的有益指导!

　　此外,由于编写时间仓促,书中不妥或不足之处,敬请广大读者批评指正。

编者

2014 年 4 月 20 日

目　录

第四部分　2013 年全国雷电监测信息行业服务

第五部分　2013 年全国雷电信息专项服务

附录：全国雷电监测网运行情况统计

第一部分
2013 年全国雷电活动概况

一、2013 年 1 月雷电活动情况

2013 年 1 月全国雷电活动分布见图 1.1。1 月份全国雷电活动较少，主要集中在云南地区，总闪数为 690 次，其中正闪 317 次，正闪占总闪的比例为 45.9%。

图 1.2 为 2013 年 1 月雷电频数逐日分布图，雷电活动在月末比较活跃，高发期为 30—31 日。其中 31 日闪电数最多，达 345 次。

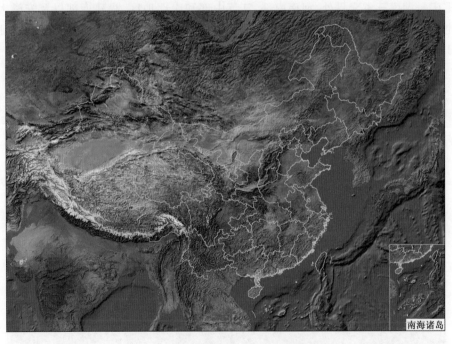

图 1.1　2013 年 1 月雷电活动分布图

（红色表示正闪、橙色表示负闪）

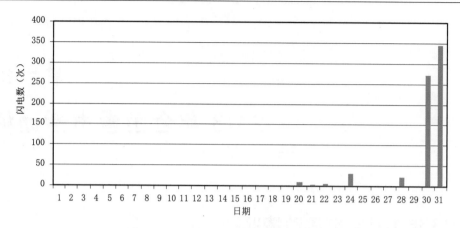

图 1.2　2013 年 1 月雷电频数逐日分布图

二、2013 年 2 月雷电活动情况

2013 年 2 月全国雷电活动分布见图 1.3。2 月份雷电活动较强，云南东南部、江西北部、贵州—重庆—湖南三省交界处、河南南部、江苏中部和南部地区、福建南部以及安徽大部分地区有闪电活动。全国共监测到雷电活动 9 291 次，其中正闪 1 716 次，负闪 7 575 次，正闪占总闪比例 18.5％。

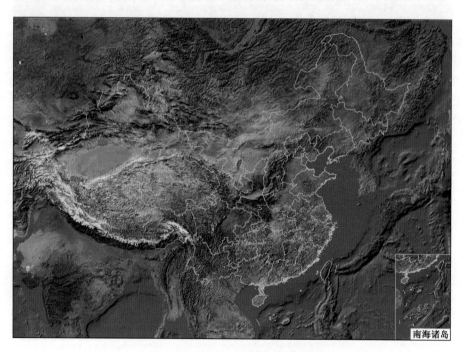

图 1.3　2013 年 2 月雷电活动分布图

（红色表示正闪、橙色表示负闪）

2013 年 2 月份雷电频数逐日分布如图 1.4 所示,雷电活动在 2 月上旬和中旬末较为活跃,时间主要集中在 2—5 日和 17—19 日,其中 4 日的雷电数达到 2402 次,而 5 日的雷电数为 2 475 次,是 2 月份单日雷电数据最多的两天。

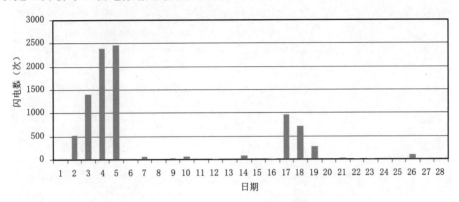

图 1.4　2013 年 2 月雷电频数逐日分布图

三、2013 年 3 月雷电活动情况

2013 年 3 月全国共监测到雷电 284 134 次,雷电活动次数较 2 月份明显增多,其中正闪 25 114 次,正闪占总闪比例 8.8%。雷电活动分布如图 1.5 所示,活动范围主要集中在河南、湖南、湖北、安徽、江西、浙江、上海、重庆、贵州、云南等省(区、市)及四川部分地区,以及珠江三角洲、福建沿海等地区。长江中下游地区闪电密度较高,其中极高密度区域分布在贵州、重庆、江西、湖南、广东和安徽六个省(市)。雷电密度分布如图 1.6 所示。

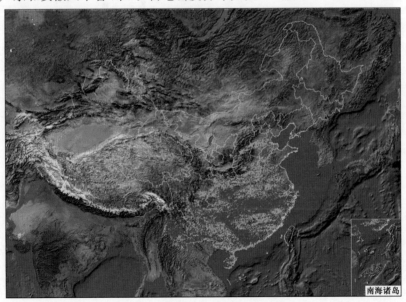

图 1.5　2013 年 3 月雷电活动分布图
(红色表示正闪、橙色表示负闪)

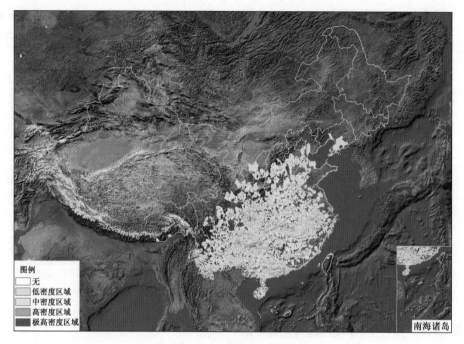

图1.6　2013年3月雷电密度分布图

2013年3月雷电活动比较多,从月初开始便有雷电活动,主要集中在10—13日、16—23日和25—31日,雷电频数逐日分布如图1.7所示,其中最多一天(19日)的雷电数为31 743次。

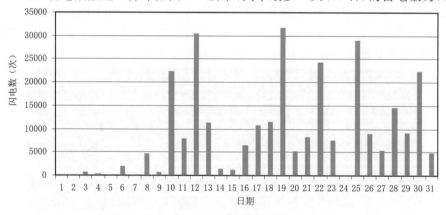

图1.7　2013年3月雷电频数逐日分布图

四、2013年4月雷电活动情况

2013年4月国家雷电监测网共探测到雷电435 855次,其中正闪42 738次,负闪393 117次。雷电活动分布见图1.8,4月份雷电活动的特点是分布范围广。总体上来看,华北、长江中下游沿岸、云贵高原以及广东—海南等地区雷电活动频繁。雷电密度相对较高的地区主要在长江中下游、云贵川、海南以及广东等地区。全国的雷电密度分布如图1.9所示。

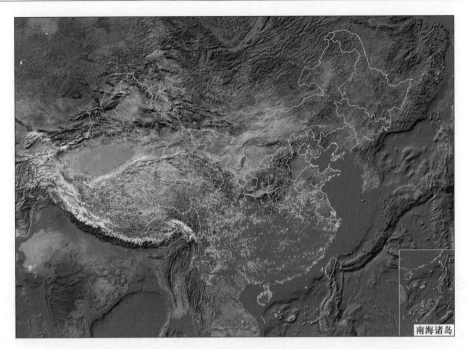

图 1.8　2013 年 4 月雷电活动分布图
（红色表示正闪、橙色表示负闪）

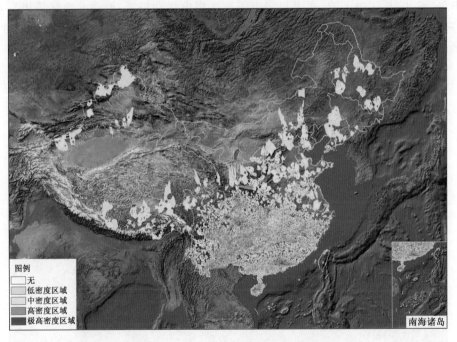

图 1.9　2013 年 4 月雷电密度分布图

　　图 1.10 为 2013 年 4 月雷电频数逐日分布图，雷电活动主要集中在中下旬，其中最多一天（28 日）的雷电数达到 87 145 次。

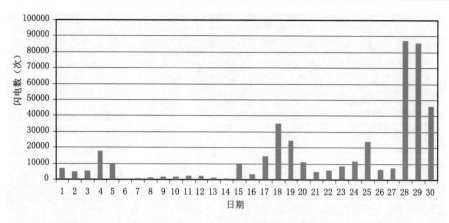

图 1.10　2013 年 4 月雷电频数逐日分布图

五、2013 年 5 月雷电活动情况

2013 年 5 月国家雷电监测网共探测到雷电 910 773 次,其中正闪 65 826 次,负闪 844 947 次。雷电活动与往年同期相比次数有所减少,总数约比 2012 年同期减少了 9.5%。雷电活动分布如图 1.11 所示。5 月份雷电活动范围较大,整个中东部地区都有雷电活动。相对而言,东北、华东、华北、长江中下游、西南和华南等地区雷电活动频繁,而西北地区雷电活动较弱。雷电高密度区域主要集中在广东、广西、云南、贵州、海南等地区。雷电活动密度分布如图 1.12 所示。

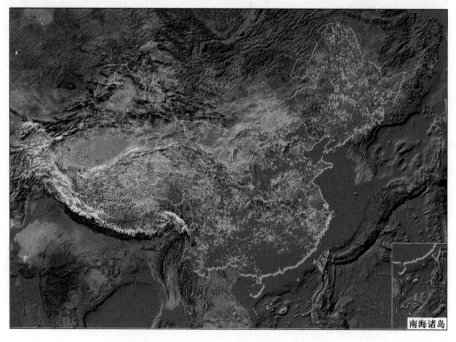

图 1.11　2013 年 5 月雷电活动分布图

(红色表示正闪、橙色表示负闪)

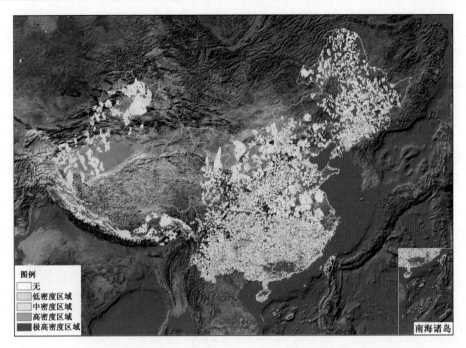

图例
□ 无
▨ 低密度区域
▨ 中密度区域
▨ 高密度区域
■ 极高密度区域

南海诸岛

图 1.12　2013 年 5 月雷电密度分布图

2013 年 5 月雷电活动主要集中在中下旬,其中 19 日雷电活动最多,数量达到 106 223 次,雷电频数逐日分布如图 1.13 所示。

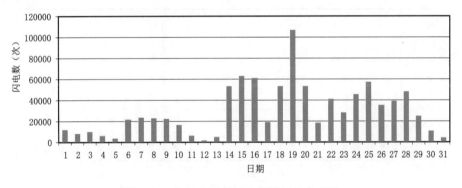

图 1.13　2013 年 5 月雷电频数逐日分布图

六、2013 年 6 月雷电活动情况

2013 年 6 月全国雷电活动频繁,国家雷电监测网共探测到雷电 1 900 373 次,其中正闪 102 242 次,负闪 1 798 131 次。比 2012 年同期雷电总数增加了 19.9%。

2013 年 6 月雷电活动密度分布如图 1.14 所示。从图中可以看出,西南地区东部的云南、贵州、四川及重庆、珠江三角洲、广西、海南、湖南、江西和湖北,华北地区的北京、天津、河北、山西等部分地区,都处于雷电活动密度较大的区域。

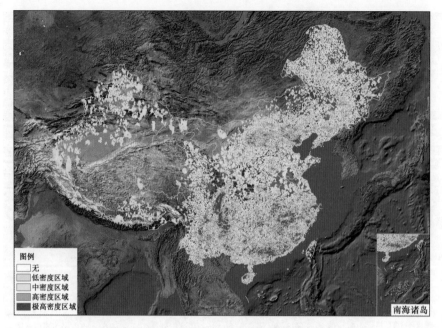

图 1.14　2013 年 6 月雷电密度分布图

2013 年 6 月雷电活动连续较频繁,这与 6 月强对流天气系统的活动频繁相对应。日雷电数超过 80 000 次的有 7 天,其中 20 日雷电活动最多,达到 168 451 次。雷电频数逐日分布如图 1.15 所示。

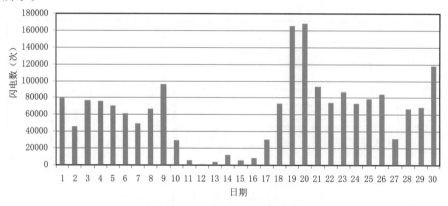

图 1.15　2013 年 6 月雷电频数逐日分布图

七、2013 年 7 月雷电活动情况

2013 年 7 月雷电活动次数比 6 月明显增多,全国共探测到雷电 2 261 808 次,其中正闪87 754次,负闪 2 174 054 次。雷电数量占全年雷电总数的 21.0% 左右。但闪电总数比 2012年同期减少近 16.7%。

图 1.16 为 2013 年 7 月雷电密度分布图,从图中可以看出,雷电极高密度区域主要集中在长江中下游沿岸地区(四川、重庆、湖北、安徽、江苏、浙江),贵州、云南、山东、湖北、河南等地

区,华北(京津冀地区)以及东南沿海(福建广东等)等地区。

2013 年 7 月雷电活动比较活跃,平均每日雷电数达到 72 961 次,超过 100 000 次的雷电日有 7 天,雷电活动最多一天(31 日)的雷电数为 177 392 次。7 月雷电活动最少的一天(11日)数量也达到了 16 371 次,雷电频数逐日分布如图 1.17 所示。

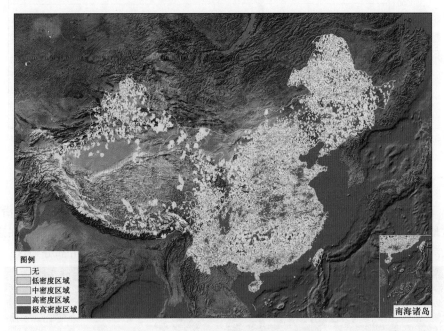

图 1.16　2013 年 7 月雷电密度分布图

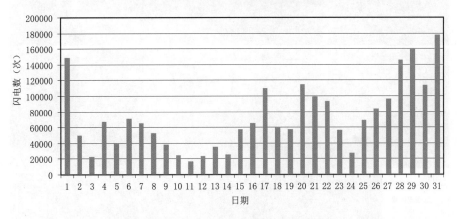

图 1.17　2013 年 7 月雷电频数逐日分布图

八、2013 年 8 月雷电活动情况

2013 年 8 月国家雷电监测网共探测到雷电 4 225 161 次,其中正闪 118 913 次,负闪 4 106 248 次。8 月份为全年雷电活动数量最多的月份,较 2012 年同期雷电数量增加了 96.4%。

2013 年 8 月雷电活动非常活跃,平均每日雷电数达到 136 296 次。超过 100 000 次的雷电日有 16 天,其中最多一天(11 日)的雷电数有 424 450 次,也是 2013 年全年中雷电次数最多的一天。雷电频数逐日分布如图 1.18 所示。

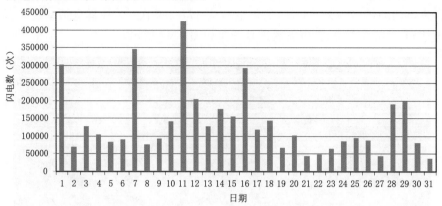

图 1.18　2013 年 8 月雷电频数逐日分布图

　　图 1.19 为 2013 年 8 月雷电密度分布图,雷电活动主要集中在华北、东北、东南沿海、华中及四川盆地等地区。雷电活动较 7 月份有明显增加。雷电极高密度区域主要集中在京津冀地区、辽宁、河南、山东、安徽、浙江、湖北、广东、江西、云南、重庆、海南及四川部分地区。

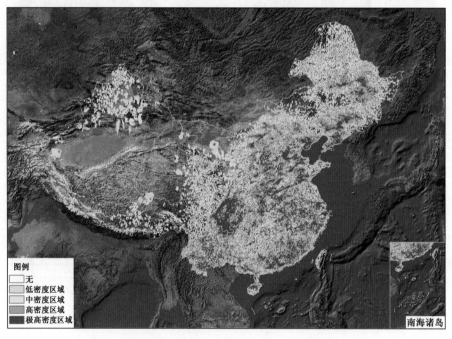

图 1.19　2013 年 8 月雷电密度分布图

九、2013 年 9 月雷电活动情况

　　2013 年 9 月雷电活动比前三个月有所减少,数量约为 8 月份的 16.5%,国家雷电监测网共探测到雷电 697 508 次,其中正闪 31 898 次,负闪 665 610 次。

2013 年 9 月平均每日雷电数达到 23 250 次,雷电活动主要集中在 9—19 日。其中最多一天(10 日)的雷电数达到 96 211 次。雷电频数逐日分布如图 1.20 所示。

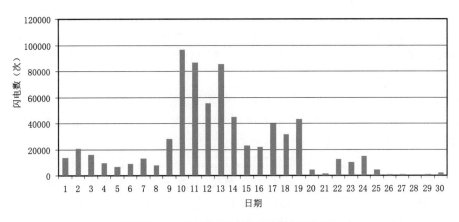

图 1.20 2013 年 9 月雷电频数逐日分布图

图 1.21 为 2013 年 9 月雷电密度分布图。9 月份雷电活动主要集中在云贵高原、四川盆地、华南地区和东南地区。活动范围较 8 月大幅缩小,雷电密度也明显减小,其中山东、河南、安徽、湖北及东北等地的部分地区雷电密度迅速下降。雷电高密度区域主要集中在四川东部、云南、贵州、重庆、广东、广西、浙江、福建和海南等地区。

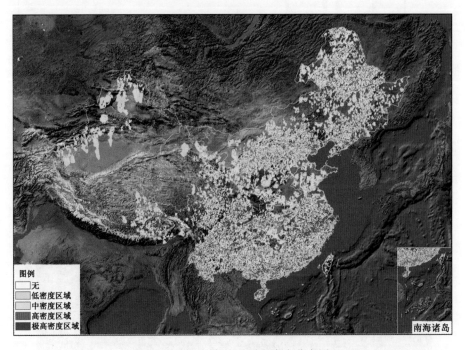

图 1.21 2013 年 9 月雷电密度分布图

十、2013 年 10 月雷电活动情况

2013 年 10 月雷电活动相比前 5 个月迅速减少,雷电数量仅为 9 月份的 6.9%,国家雷电监测网共探测到雷电 48 343 次,其中正闪 5 953 次,负闪 42 390 次。雷电数量相比 2012 年同期减少约 42.1%。

2013 年 10 月平均每日雷电数达到 1 559 次,雷电活动主要集中在 1—7 日和 9—10 日两个时间段,其中最多一天(10 日)的雷电数达到 23 046 次,10 日之后,雷电活动明显减少。雷电频数逐日分布如图 1.22 所示。

图 1.23 为 2013 年 10 月雷电活动分布图。10 月份雷电活动范围相对较小,主要集中在云南、四川、陕西、山西和辽宁以及内蒙古自治区、西藏、山西、海南等部分地区。与 2012 年同期相比,云贵高原和东南地区雷电活动明显减少,而湖北、安徽和江苏三省只有极少的雷电活动。

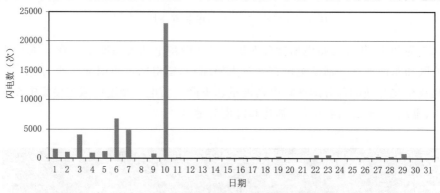

图 1.22　2013 年 10 月雷电频数逐日分布图

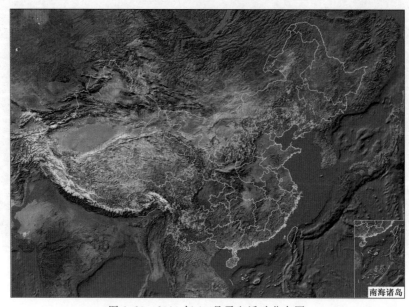

图 1.23　2013 年 10 月雷电活动分布图

(红色表示正闪,橙色表示负闪)

十一、2013 年 11 月雷电活动情况

2013 年 11 月国家雷电监测网共探测到雷电 3 187 次,其中正闪 1 377 次,负闪 1 810 次。雷电数量少于 2012 年 11 月份的 31 244 次,比 2012 年同期减少了 89.8%,比 2013 年 10 月的雷电数量减少了 93.4%,雷电活动迅速减少。

2013 年 11 月平均每日雷电数达到 106 次,雷电活动主要集中在 2—3 日、6 日和 8 日,其中最多一天(6 日)的雷电数达到 1 620 次,其他时间段雷电活动相对较少。雷电频数逐日分布如图 1.24 所示。

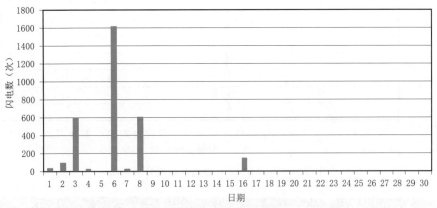

图 1.24 2013 年 11 月雷电频数逐日分布图

图 1.25 为 2013 年 11 月雷电活动分布图。11 月份雷电活动数量和范围都在减少,主要集中在辽宁省东部地区。

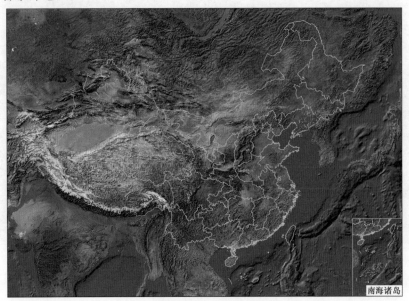

图 1.25 2013 年 11 月雷电活动分布图
(红色表示正闪,橙色表示负闪)

十二、2013 年 12 月雷电活动情况

2013 年 12 月雷电频数逐日分布如图 1.26 所示,国家雷电监测网共探测到雷电 1 418 次,其中仅 14 日雷电数量为 803 次,只有 14—15 日有雷电活动。图 1.27 为 2013 年 12 月雷电活动分布图。12 月我国内陆地区雷电很少,只发生在云南省部分地区。

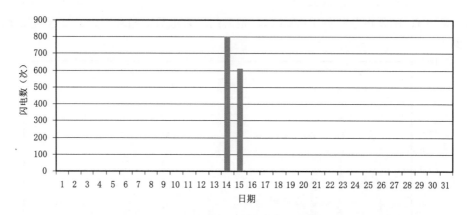

图 1.26　2013 年 12 月雷电频数逐日分布图

图 1.27　2013 年 12 月雷电活动分布图

(红色表示正闪,橙色表示负闪)

十三、2013 年全年雷电活动情况总结

2013 年 1—12 月全国共发生云地闪 1 077.9 万次,与 2012 年 959.7 万次相比显著增多。2013 年的雷电天气系统在时间分布特征上与 2011 年稍有不同,3—5 月份雷电活动相对 2011 年稍有增加,10 月份雷电活动迅速减少,雷电活动的活跃期为 5—9 月份,其中 6—8 月份为高发期。

1. 时间特点

2013 年 1 月份云地闪数量较少,比 2012 年减少 37.5%。3 月、6 月和 8 月呈现增长趋势,分布较 2012 年云地闪数量有明显大幅度的增加。4—5 月和 9—12 月云地闪数量较 2012 年数量有所下降,其中 11 月减少了 95.5%。

2. 空间分布特点

2013 年全国云地闪密度数值比 2012 年有所增加,平均密度高于 2012 年。分布区域与往年相似,广东珠江三角洲、四川东部、上海、浙江、江苏南部、安徽南部、江西北部和福建东部沿海地区仍为云地闪高密度区域,北方部分省份如山东、河南、河北和辽宁等地部分地区地闪高密度较 2012 年有所增强。

具体见图 1.28、图 1.29 和表 1.1。

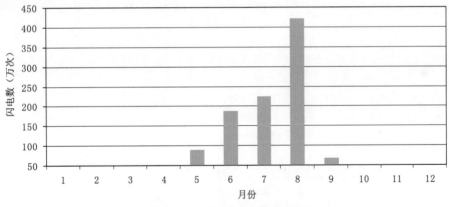

图 1.28　2013 年雷电数分布图

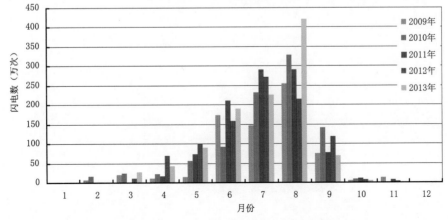

图 1.29　2009—2013 年月雷电数分布图

表 1.1　2009—2013 年月雷电数分布表(单位:次)

月份	2009 年	2010 年	2011 年	2012 年	2013 年	2013 年与 2012 年同期相比
1	1463	1748	3315	1104	690	−37.50%
2	81002	178041	2464	18130	9291	−48.75%
3	206651	244179	5728	106108	284134	167.78%
4	117170	222183	179421	701366	435855	−37.86%
5	156709	574422	742146	1006276	910773	−9.49%
6	1748294	918006	2114754	1585211	1900373	19.88%
7	1478345	2330199	2904434	2716097	2261808	−16.73%
8	2558252	3285158	2908266	2150504	4225161	96.47%
9	756887	1411179	769925	1190823	697508	−41.43%
10	55029	88649	104054	83453	48343	−42.07%
11	130090	19438	74602	31244	3187	−89.80%
12	1415	1342	301	6924	1418	−79.52%
全年	7291307	9274544	9809410	9597240	10778541	12.31%

第二部分
2013 年全国雷电气候参数统计

一、2013 年全国雷电(回击)密度分布图

　　2013 年全国云地闪密度数值比 2012 年偏高,区域分布与往年相似,高密度区分布在东南沿海与西南一带,其中广东珠江三角洲、四川东部、上海、浙江、福建沿海地区、安徽南部、江西北部和湖北北部地区仍为云地闪高密度区域,雷电密度分布如图 2.1 所示(单位为次/平方千米),平均密度高于 2012 年。北方部分省份如山东、河南、河北、辽宁等地的部分地区地闪高密度较 2012 年有所增强。

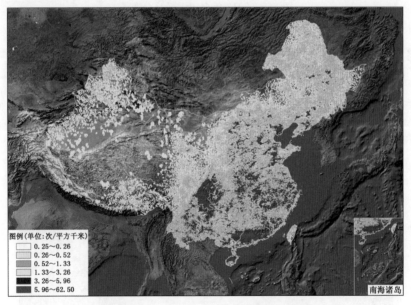

图 2.1　2013 年全国雷电密度分布图

二、2013 年全国雷暴日分布图

　　图 2.2 为 2013 年全国雷暴日分布图,单位为天/(20×20 平方千米·年)。从图中可以看出,我国的雷暴活动由东南沿海向西北内陆呈现雷暴日逐渐减少态势,雷暴日地区分布情况与往年类似,个别地区稍有差别。2013 年全国雷暴日数最高达 117 天,与 2012 年持平。长江以

南仍旧是我国雷暴日数较多区域。与 2012 年相比,长江以南地区雷暴日有所增加,尤其是广东、广西两地,雷暴日明显高于 2012 年。年雷暴日数在 70 天以上的地区主要有广东、广西东部和海南等地区。而地处我国东北的黑龙江中南部雷暴日较 2012 年有所增加。

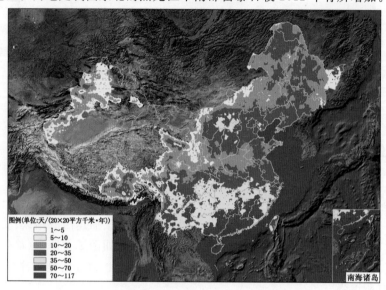

图 2.2　2013 年全国雷暴日分布图

三、2013 年全国雷电小时数分布图

2013 年全国雷电小时数分布如图 2.3 所示,高值区集中在东南沿海地区、云贵川地区以及华北地区等。与 2012 年相比,全国雷电小时数整体上呈现上升趋势,尤其在云贵川地区雷电小时数较 2012 年增加明显,而在江苏、安徽和浙江等地区有所减少。

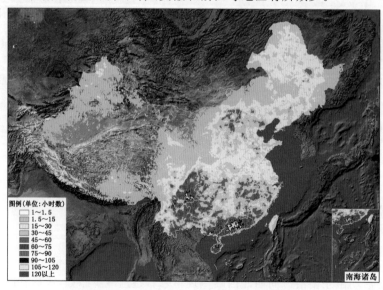

图 2.3　2013 年全国雷电小时数分布图

四、2013 年全国雷电极性分布图

2013 年全国雷电极性分布（正闪百分比）如图 2.4 所示，我国东部和南部大部分地区正闪百分比低于 15％，中西部地区、东北地区正闪百分比较高，可达 15％以上，个别地区达到 40％以上。

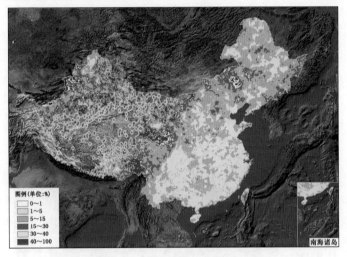

图 2.4　2013 年全国雷电极性分布图

五、2013 年全国雷电频数分布图

图 2.5 为 2013 年全国雷电频数分布图（单位为次数／小时），全国雷电频数分布高值区域与 2012 年分布有所不同，长江流域（包括江苏、湖北和四川）与 2012 年类似，仍为高值区，而华北地区、东北地区南部、华中地区雷电频数显著增加。

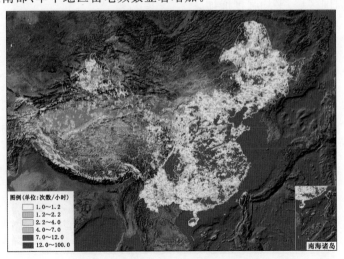

图 2.5　2013 年全国雷电频数分布图

六、2013年全国雷电负闪(回击)平均强度分布图

　　2013年全国雷电负闪平均强度分布区域(如图2.6所示)与2012年相比,东北地区和中西部明显增加,四川省和华南地区减少。2013年华南地区负闪平均强度在30~40 kA,低于2012年华南大部分地区负闪平均强度。

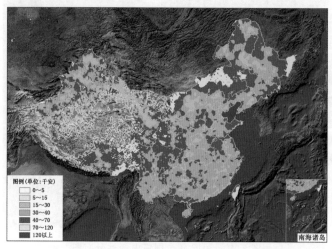

图2.6　2013年全国雷电负闪平均强度分布图

七、2013年全国雷电正闪(回击)平均强度分布图

　　2013年全国雷电正闪平均强度分布区域(如图2.7所示)与2012年有一定差异,云贵川地区正闪强度减少,西藏自治区正闪强度较大,个别地区达到120千安以上,而华中地区(湖南、江西、湖北等周围区域)平均强度增加。

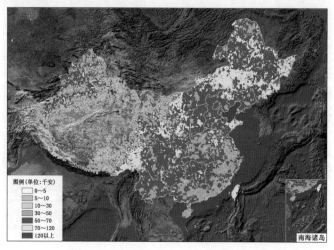

图2.7　2013年全国雷电正闪平均强度分布图

第三部分
2013年各省（区、市）雷电密度、雷暴日分布图

一、北京市

2013年北京市共发生闪电39 474次,其中正闪2 642次,负闪36 823次,每月雷电次数见表3.1和图3.1。由表和图可见,从3月开始有零星雷电活动,6—9月是雷电高发期,其中8月份雷电活动次数最多,10月份和11月份有少量雷电活动,1—2月和12月无雷电活动。

北京市雷电密度分布如图3.2所示,最高雷电密度为18.25次/(平方千米·年),比2012年高11.5次/(平方千米·年)。高密度区与2012年有所不同,2013年高密度区集中在北部地区的密云县和平谷区、南部的房山区以及通州区和大兴区的交界处。中心城区一带雷电密度高于2012年。北京市雷暴日分布如图3.3所示,年雷暴日数最高为38天,雷暴月数为9个月(雷暴总闪数≥5次,统计雷暴月数),高雷暴区位于延庆县南部、门头沟区和房山区的西部。

表 3.1　北京市 2013 年月雷电数统计表(单位:次)

月份	总闪数	正闪数	负闪数
1	0	0	0
2	0	0	0
3	10	1	9
4	6	1	5
5	72	15	57
6	14181	1199	12982
7	4268	512	3756
8	16882	636	16246
9	3947	241	3706
10	101	36	65
11	7	1	6
12	0	0	0
合计	39474	2642	36832

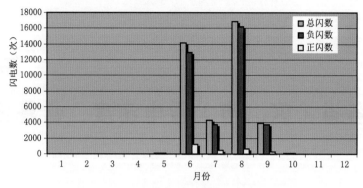

图 3.1　2013 年北京市月雷电数统计直方图

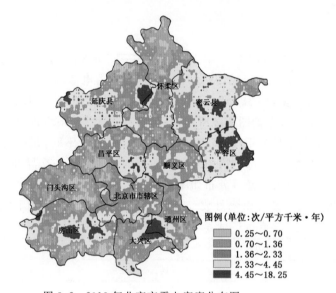

图 3.2　2013 年北京市雷电密度分布图

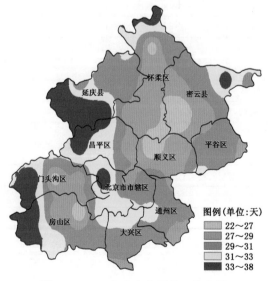

图 3.3　2013 年北京市雷暴日分布图

二、天津市

2013年天津市共发生闪电22 017次,其中正闪1 213次,负闪20 804次,每月雷电次数见表3.2和图3.4所示。由表和图可见,1—2月无雷电活动,3—5月开始有少量雷电活动,6—9月是雷电高发期,其中8月份雷电活动次数最多,10月雷电活动逐渐减少,12月已无雷电活动。

天津市雷电密度分布如图3.5所示,最高雷电密度为33.3次/(平方千米·年),高于2012年。分布趋势也略有不同,高密度区主要集中在天津北部一带。中部地区雷电密度较2012年明显减少。天津市雷暴日分布如图3.6所示,年雷暴日数最高为30天,较2012年减少6天,雷暴月数为6个月。

表 3.2 天津市 2013 年月雷电数统计表(单位:次)

月份	总闪数	正闪数	负闪数
1	0	0	0
2	0	0	0
3	16	6	10
4	2	0	2
5	27	17	10
6	4302	516	3786
7	2259	119	2140
8	13484	343	13141
9	1922	209	1713
10	4	3	1
11	1	0	1
12	0	0	0
合计	22017	1213	20804

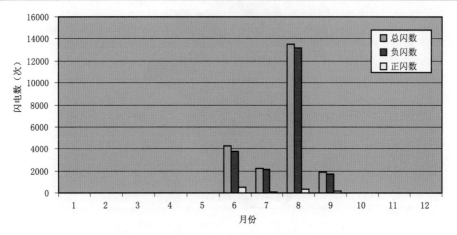

图 3.4 2013 年天津市月雷电数统计直方图

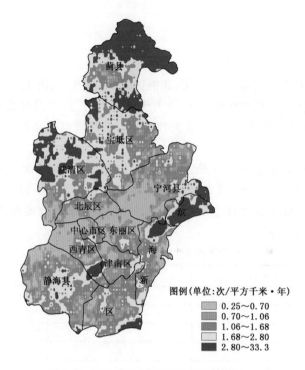

图 3.5　2013 年天津市雷电密度分布图

图 3.6　2013 年天津市雷暴日分布图

三、河北省

2013 年河北省共发生闪电 472 533 次,其中正闪 29 535 次,负闪 442 998 次,每月雷电次数见表 3.3 和图 3.7。由表和图可见,1—2 月有少量雷电活动,3 月雷电活动增多,6—9 月是雷电高发期,其中 8 月雷电活动次数较多,10 月雷电活动明显减少,到 11 月仅有少量的雷电活动,12 月无雷电活动。

河北省雷电密度分布如图 3.8 所示,高密度区分布在全省东部地区(唐山和秦皇岛),南部部分地区(石家庄和保定)雷电密度也较高。最高雷电密度为 38.25 次/(平方千米·年),较 2012 年增加 16.5 次/(平方千米·年)。河北省雷暴日分布如图 3.9 所示,年雷暴日数最高为 46 天,较 2012 年增加 4 天,雷暴月数为 9 个月。

表 3.3 河北省 2013 年月雷电数统计表(单位:次)

月份	总闪数	正闪数	负闪数
1	2	0	2
2	4	1	3
3	2254	85	2169
4	289	125	164
5	4422	2043	2379
6	91738	10273	81465
7	60332	4865	55467
8	282512	8981	273531
9	29406	2629	26777
10	1545	523	1022
11	29	10	19
12	0	0	0
合计	472533	29535	442998

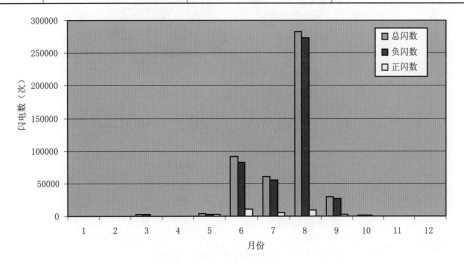

图 3.7 2013 年河北省月雷电数统计直方图

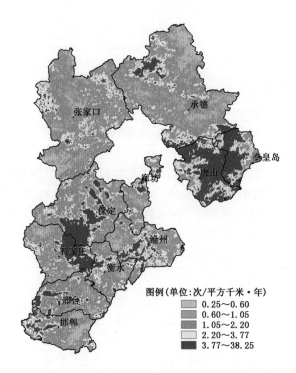

图 3.8　2013 年河北省雷电密度分布图

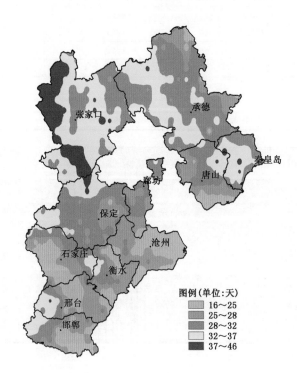

图 3.9　2013 年河北省雷暴日分布图

四、山西省

2013 年山西省共发生闪电 331 138 次,其中正闪 19 285 次,负闪 311 853 次。每月雷电次数见表 3.4 和图 3.10。由表和图可见,1 月无雷电活动,3 月雷电活动开始明显增多,5—9 月是雷电高发期,其中 8 月雷电活动最多,11 月有零星雷电活动,12 月无雷电活动。

山西省雷电密度分布如图 3.11 所示,高密度区集中在离石大部分地区,阳泉东南部、榆次的西部、长治北部地区也有零散分布,最高雷电密度为 21 次/(平方千米·年)。山西省雷暴日分布如图 3.12 所示,年雷暴日数最高为 48 天,雷暴月数为 10 个月。

表 3.4　山西省 2013 年月雷电数统计表(单位:次)

月份	总闪数	正闪数	负闪数
1	0	0	0
2	22	2	20
3	1202	88	1114
4	1834	817	1017
5	12885	3207	9678
6	34341	5355	28986
7	92198	3059	89139
8	168996	4377	164619
9	16099	1892	14207
10	3539	477	3062
11	22	11	11
12	0	0	0
合计	331138	19285	311853

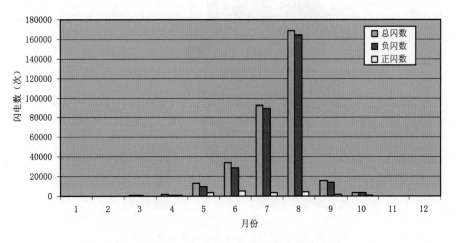

图 3.10　2013 年山西省月雷电数统计直方图

图 3.11　2013 年山西省雷电密度分布图

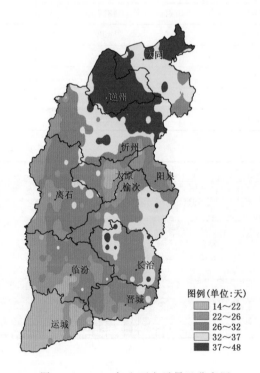

图 3.12　2013 年山西省雷暴日分布图

五、内蒙古自治区

2013 年内蒙古自治区共发生闪电 554 638 次,其中正闪 41 650 次,负闪 512 988 次。每月雷电次数见表 3.5 和图 3.13。由表和图可见,1 月无雷电活动,2—3 月开始有少量的雷电活动,4 月雷电活动开始明显增多,5—9 月是雷电高发期,其中 8 月雷电活动最多,10 月雷电活动减少,11 月有零星雷电活动,12 月也无雷电活动。

内蒙古自治区雷电密度分布如图 3.14 所示,高密度区集中在呼和浩特、包头、集宁和东胜部分地区,海拉尔和加格达奇也有零散分布,最高雷电密度为 17.5 次/(平方千米·年),较 2012 年增加 5.25 次/(平方千米·年)。内蒙古自治区雷暴日分布如图 3.15 所示,年雷暴日数最高为 47 天,雷暴月数为 9 个月。

表 3.5 内蒙古自治区 2013 年月雷电数统计表(单位:次)

月份	总闪数	正闪数	负闪数
1	0	0	0
2	2	1	1
3	12	1	11
4	266	138	128
5	16578	2825	13753
6	125441	13140	112301
7	124903	10854	114049
8	238128	9494	228634
9	41197	4376	36821
10	8080	813	7267
11	31	8	23
12	0	0	0
合计	554638	41650	512988

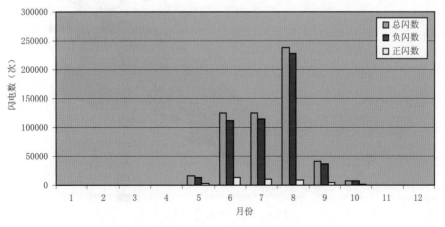

图 3.13 2013 年内蒙古自治区月雷电数统计直方图

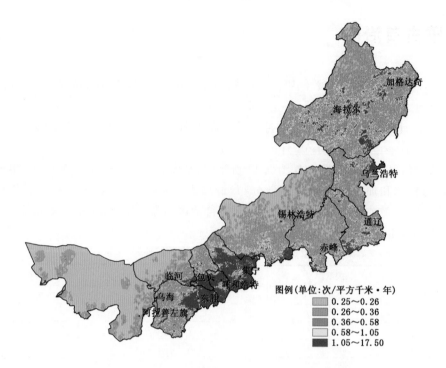

图 3.14　2013 年内蒙古自治区雷电密度分布图

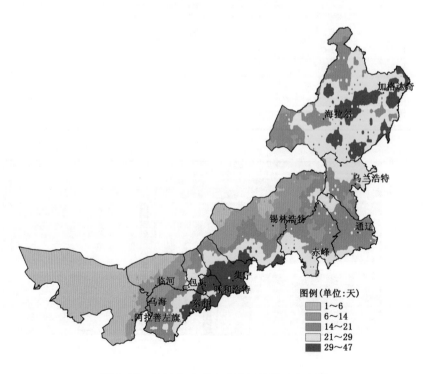

图 3.15　2013 年内蒙古自治区雷暴日分布图

六、辽宁省

2013年辽宁省共发生闪电260 673次,其中正闪15 857次,负闪244 816次,每月雷电次数见表3.6和图3.16。由表和图可见,1月无雷电活动,2月开始有少量雷电活动,4月雷电活动逐渐增多,5—10月为雷电高发期,其中8月雷电活动最为频繁,9月雷电活动逐渐减少,12月没有雷电活动。

辽宁省雷电密度分布如图3.17所示,高密度区分布在铁岭、丹东、鞍山、本溪和锦州等地区,最高雷电密度为25次/(平方千米·年),较2012年增加15.25次/(平方千米·年)。辽宁省雷暴日分布如图3.18所示,年雷暴日数最高为37天,比2012年增加2天,雷暴月数为9个月。

表3.6 辽宁省2013年月雷电数统计表(单位:次)

月份	总闪数	正闪数	负闪数
1	0	0	0
2	1	0	1
3	57	22	35
4	430	187	243
5	6249	2157	4092
6	39889	4361	35528
7	9681	902	8779
8	166456	4214	162242
9	14382	1416	12966
10	21643	1613	20030
11	1885	985	900
12	0	0	0
合计	260673	15857	244816

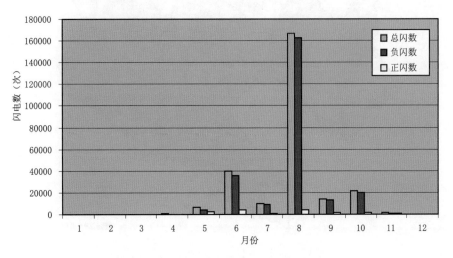

图3.16 2013年辽宁省月雷电数统计直方图

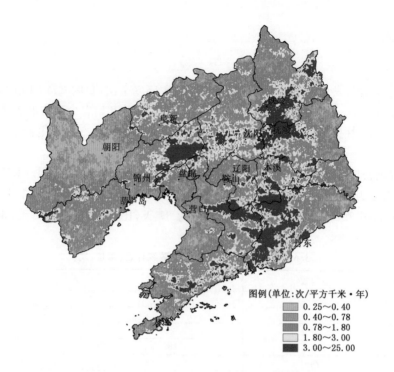

图 3.17　2013 年辽宁省雷电密度分布图

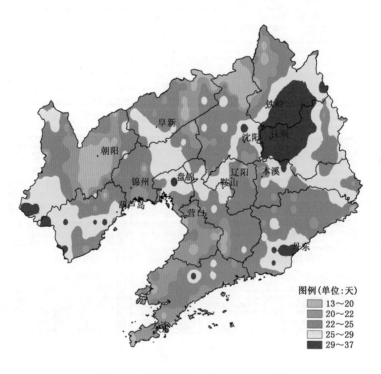

图 3.18　2013 年辽宁省雷暴日分布图

七、吉林省

2013年吉林省共发生闪电133 828次,其中正闪10 576次,负闪123 252次,每月雷电次数见表3.7和图3.19。由表和图可见,2—3月有少量雷电活动,4月雷电活动逐渐增多,5—9月为雷电高发期,其中,8月份雷电活动次数最多,10—11月雷电明显逐渐减少,1月和12月没有雷电活动。

吉林省雷电密度分布如图3.20所示,雷电密度北部和东部地区明显偏低。高密度区分布在四平、吉林和辽源等地区,最高雷电密度为8.75次/(平方千米·年)。吉林省雷暴日分布如图3.21所示,年雷暴日数最高为41天,比2012年增加了7天,雷暴月数为9个月。

表3.7　吉林省2013年月雷电数统计表(单位:次)

月份	总闪数	正闪数	负闪数
1	0	0	0
2	1	0	1
3	7	1	6
4	110	76	34
5	10945	2082	8863
6	25480	3085	22395
7	9383	962	8421
8	80062	2942	77120
9	6639	937	5702
10	806	255	551
11	395	236	159
12	0	0	0
合计	133828	10576	123252

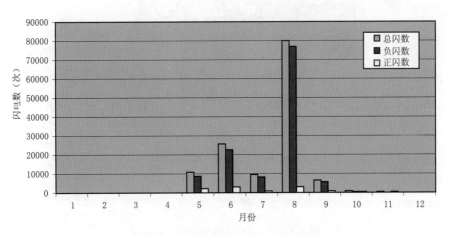

图3.19　2013年吉林省月雷电数统计直方图

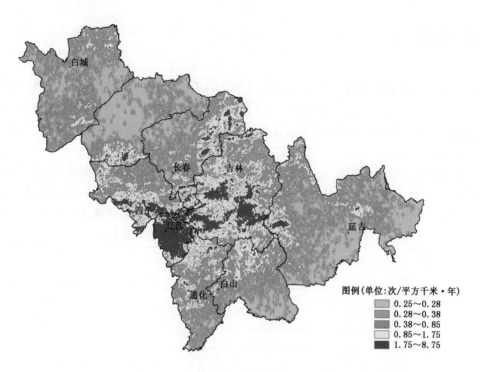

图 3.20　2013 年吉林省雷电密度分布图

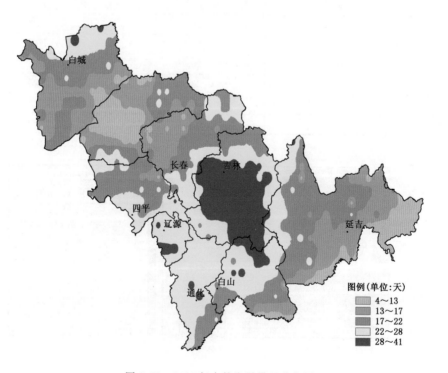

图 3.21　2013 年吉林省雷暴日分布图

八、黑龙江省

2013 年黑龙江省共发生闪电 376 432 次,其中正闪 20 857 次,负闪 355 575 次,每月雷电次数见表 3.8 和图 3.22。由表和图可见,与 2012 年相比,总闪数增加了 119 099 次。4 月份雷电活动逐渐增加,5—9 月是雷电高发期,其中 8 月雷电次数最多,10 月雷电活动又明显减少,11 月仍有少量的雷电活动,1 月和 12 月无雷电活动。

黑龙江省雷电密度分布如图 3.23 所示,最高雷电密度为 40.5 次/(平方千米·年),最高雷电密度较 2012 年增加 31.75 次/(平方千米·年),高密度分布区较 2012 年不同,2012 年最高雷电密度分布比较零散,2013 年高密度区分布比较集中,主要集中在黑龙江省南部地区。黑龙江省雷暴日分布如图 3.24 所示,年雷暴日数最高为 42 天,较 2012 年增加了 4 天,总雷暴月数为 8 个月。

表 3.8 黑龙江省 2013 年月雷电数统计表(单位:次)

月份	总闪数	正闪数	负闪数
1	0	0	0
2	2	0	2
3	1	1	0
4	317	203	114
5	10855	2599	8256
6	47588	5913	41675
7	70340	3951	66389
8	214780	6180	208600
9	32354	1918	30436
10	133	58	75
11	62	34	28
12	0	0	0
合计	376432	20857	355575

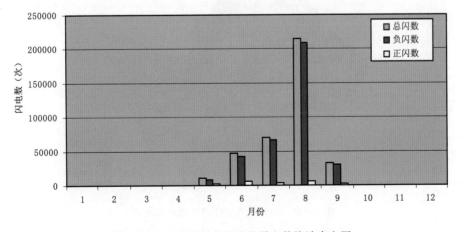

图 3.22 2013 年黑龙江省月雷电数统计直方图

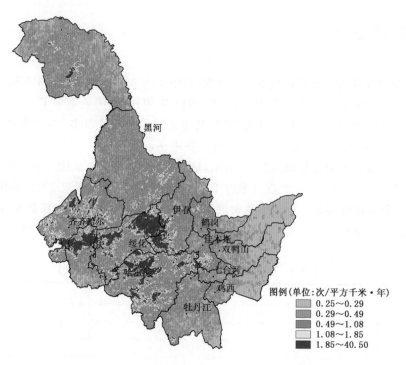

图 3.23　2013 年黑龙江省雷电密度分布图

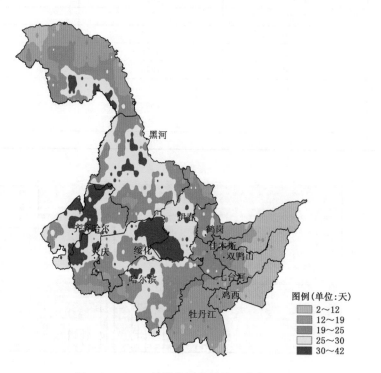

图 3.24　2013 年黑龙江省雷暴日分布图

九、上海市

　　2013年上海市共发生闪电27 070次,其中正闪381次,负闪26 689次,每月雷电次数见表3.9和图3.25,由表和图可见。2—3月和5月有零星雷电活动,6—9月份是雷电高发期,其中8月份雷电活动次数最多,1月、4月和11—12月无雷电活动。

　　上海市雷电密度分布如图3.26所示,最高雷电密度为17.5次/(平方千米·年),明显低于2012年,但分布趋势略有不同。高密度区分布在嘉定区中部、松江区东北部、浦东新区西部、宝山区和市辖区以及崇明岛北部等地区。上海市雷暴日分布如图3.27所示,年雷暴日数最高为26天,雷暴月数为7个月。

表3.9　上海市2013年月雷电数统计表(单位:次)

月份	总闪数	正闪数	负闪数
1	0	0	0
2	20	2	18
3	17	10	7
4	0	0	0
5	3	1	2
6	3151	40	3111
7	5994	49	5945
8	9849	142	9707
9	8031	132	7899
10	5	5	0
11	0	0	0
12	0	0	0
合计	27070	381	26689

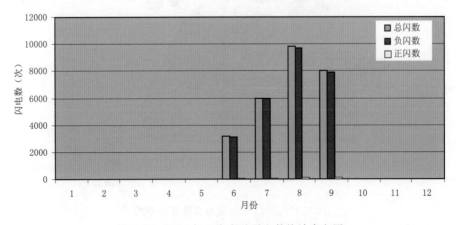

图3.25　2013年上海市月雷电数统计直方图

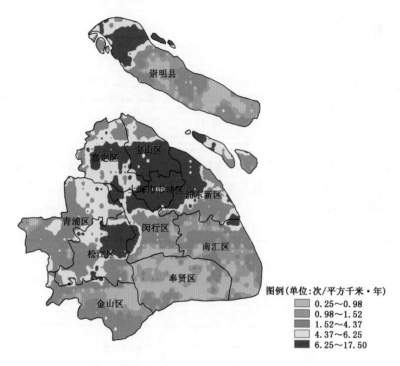

图3.26　2013年上海市雷电密度分布图

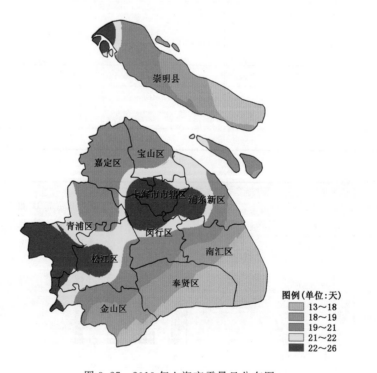

图3.27　2013年上海市雷暴日分布图

十、江苏省

2013 年江苏省共发生闪电 225 483 次，其中正闪 7 500 次，负闪 217 983 次，每月雷电次数见表 3.10 和图 3.28。由表和图可见，1 月无雷电活动，2—4 月雷电活动增多，5 月又有所减少，6—9 月是雷电高发期，10—11 月有少量雷电活动，12 月没有雷电活动。其中 8 月份雷电活动次数最多，有 92 439 次。

江苏省雷电密度分布如图 3.29 所示，高密度区分布在苏州、无锡、南京的部分地区，最高雷电密度为 24.5 次/（平方千米·年），较 2012 年减少 18.5 次/（平方千米·年）。江苏省雷暴日分布如图 3.30 所示，年雷暴日数最高为 35 天，雷暴月数为 9 个月。

表 3.10　江苏省 2013 年月雷电数统计表（单位：次）

月份	总闪数	正闪数	负闪数
1	0	0	0
2	303	103	200
3	670	157	513
4	988	186	802
5	182	33	149
6	22821	1058	21763
7	88712	2858	85854
8	92439	2749	89690
9	19359	351	19008
10	8	5	3
11	1	0	1
12	0	0	0
合计	225483	7500	217983

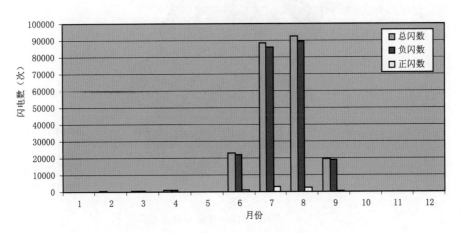

图 3.28　2013 年江苏省月雷电数统计直方图

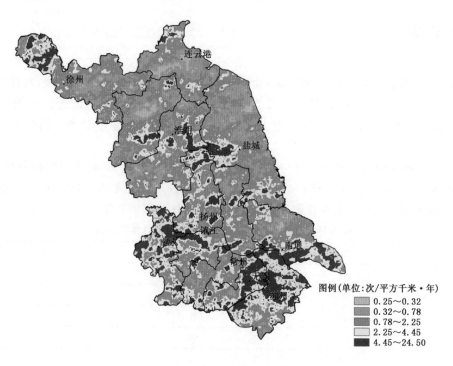

图 3.29　2013 年江苏省雷电密度分布图

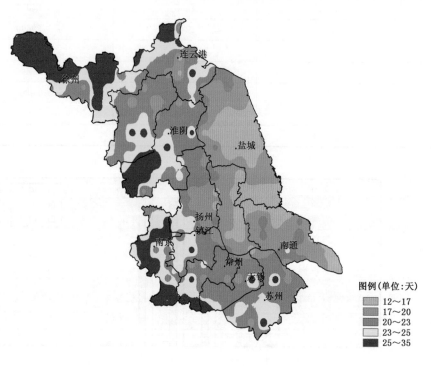

图 3.30　2013 年江苏省雷暴日分布图

十一、浙江省

2013年浙江省共发生闪电 311 500 次,其中正闪 9 143 次,负闪 302 357 次,每月雷电次数见表 3.11 和图 3.31。由表和图可见,2月开始有少量雷电活动,3—4月出现小幅度上升,5月相比 4 月雷电活动有所减弱,6—9月是雷电高发期,其中 8 月份雷电活动次数最多,10月雷电活动骤然减少,11月有零星雷电活动,1月和 12 月没有雷电活动。

浙江省雷电密度分布如图 3.32 所示,高密度区散布在全省各地区,主要集中区域有杭州、金华、温州和衢州等地,最高雷电密度为 30.75 次/(平方千米·年)。浙江省雷暴日分布如图 3.33 所示,年雷暴日数最高为 50 天,较 2012 年减少了 15 天,雷暴月数为 9 个月。

表 3.11 浙江省 2013 年月雷电数统计表(单位:次)

月份	总闪数	正闪数	负闪数
1	0	0	0
2	144	84	60
3	5787	1197	4590
4	7219	1433	5786
5	4899	171	4728
6	69124	2187	66937
7	47186	696	46490
8	117494	2421	115073
9	59535	905	58630
10	109	46	63
11	3	3	0
12	0	0	0
合计	311500	9143	302357

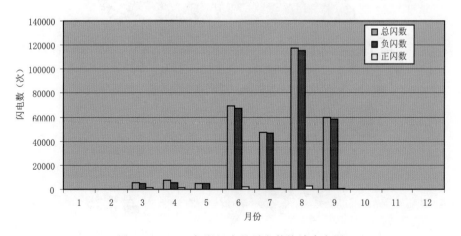

图 3.31 2013 年浙江省月雷电数统计直方图

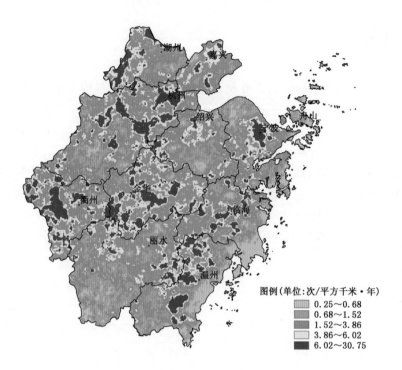

图例(单位:次/平方千米·年)
　0.25～0.68
　0.68～1.52
　1.52～3.86
　3.86～6.02
　6.02～30.75

图 3.32　2013 年浙江省雷电密度分布图

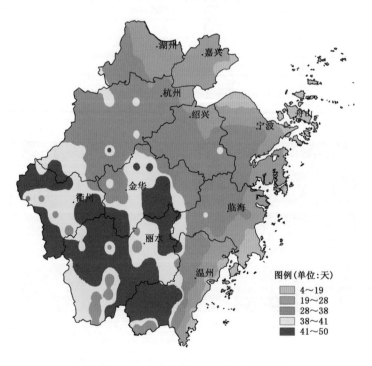

图例(单位:天)
　4～19
　19～28
　28～38
　38～41
　41～50

图 3.33　2013 年浙江省雷暴日分布图

十二、安徽省

2013 年安徽省共发生闪电 346 908 次,其中正闪 13 553 次,负闪 333 355,每月雷电次数见表 3.12 和图 3.34。由表和图可见,1 月开始有少量雷电活动,3 月和 6—9 月是雷电高发期,其中 8 月雷电活动次数最多,10—11 月有少量的雷电活动,12 月无雷电活动。

安徽省雷电密度分布如图 3.35 所示,高密度区分布在安徽省西南部,而中部地区雷电密度较低,高密度区集中在铜陵、贵池、宣州和黄山等地区,最高雷电密度为 41.5 次/(平方千米·年),较 2012 年增加 5.5 次/(平方千米·年)。安徽省雷暴日分布如图 3.36 所示,年雷暴日数最高为 51 天,比 2012 年增加 6 天,雷暴月数为 11 个月。

表 3.12　安徽省 2013 年月雷电数统计表(单位:次)

月份	总闪数	正闪数	负闪数
1	5	3	2
2	685	247	438
3	14105	898	13207
4	3534	1022	2512
5	4787	379	4408
6	39843	1756	38087
7	94701	3576	91125
8	165817	4911	160906
9	23415	754	22661
10	7	3	4
11	9	4	5
12	0	0	0
总数	346908	13553	333355

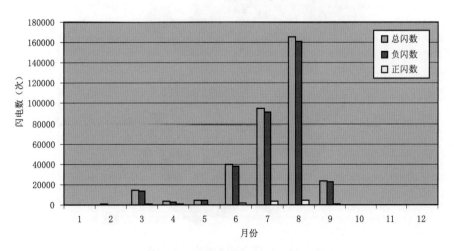

图 3.34　2013 年安徽省月雷电数统计直方图

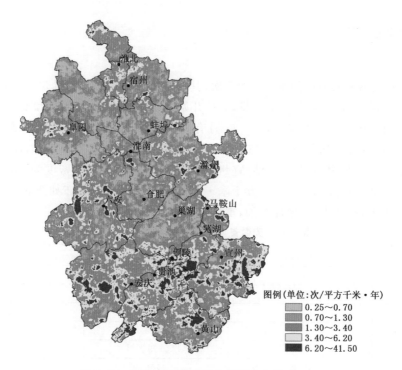

图 3.35　2013 年安徽省雷电密度分布图

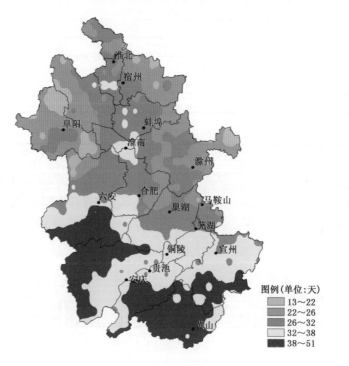

图 3.36　2013 年安徽省雷暴日分布图

十三、福建省

2013年福建省共发生闪电299 798次，其中正闪11 093次，负闪288 705次，每月雷电次数见表3.13和图3.37。由表和图可见，2月开始有少量雷电活动，3月雷电活动逐渐增多，4—9月是雷电高发期，其中8月雷电活动次数最多，10—11月雷电活动明显减少，1月和12月无雷电活动。

福建省雷电密度分布如图3.38所示，高密度区分布在泉州、三明东部、福州西南部和龙岩西南等地区，最高雷电密度为26.4次/（平方千米·年），较2012年减少8次/（平方千米·年）。福建省雷暴日分布如图3.39所示，年雷暴日数最高为58天，较2012年减少13天，雷暴月数为9个月。

表3.13 福建省2013年月雷电数统计表（单位：次）

月份	总闪数	正闪数	负闪数
1	0	0	0
2	178	34	144
3	6437	376	6061
4	11672	2281	9391
5	49433	2964	46469
6	75112	2377	72735
7	27936	563	27373
8	112736	2236	110500
9	16282	252	16030
10	8	6	2
11	4	4	0
12	0	0	0
合计	299798	11093	288705

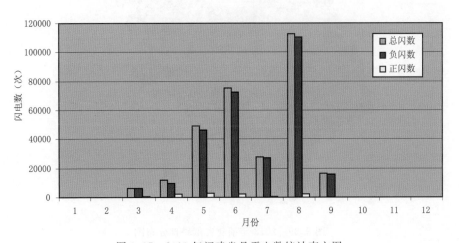

图3.37 2013年福建省月雷电数统计直方图

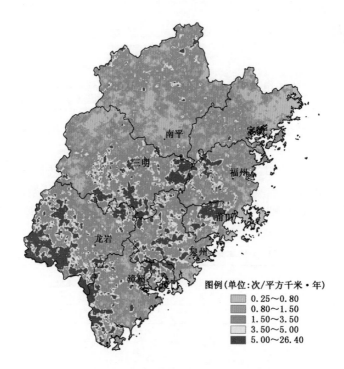

图 3.38　2013 年福建省雷电密度分布图

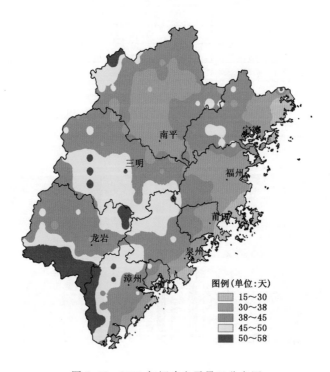

图 3.39　2013 年福建省雷暴日分布图

十四、江西省

2013 年江西省共发生闪电 526 386 次,其中正闪 19 464 次,负闪 506 922 次,每月雷电发生次数见表 3.14 和图 3.40。由表和图可见,1 月开始有少量雷电活动,2 月雷电活动开始增多,3—9 月为雷电高发期,其中 6 月雷电活动最为频繁,10 月雷电活动骤然减少,11 月有零星雷电活动,12 月无雷电活动。

江西省雷电密度分布如图 3.41 所示,高密度区集中在东北部地区,西南部密度较低。高密度区域主要有上饶、鹰潭和临川等地。最高雷电密度为 37.75 次/(平方千米·年),较 2012年增加 7.5 次/(平方千米·年)。江西省雷暴日分布如图 3.42 所示,年最高雷暴日数为 63天,较 2012 年相比减少 6 天,雷暴月数为 9 个月。

表 3.14　江西省 2013 年月雷电数统计表(单位:次)

月份	总闪数	正闪数	负闪数
1	2	0	2
2	976	160	816
3	25671	3160	22511
4	32900	4134	28766
5	55853	2805	53048
6	169407	5230	164177
7	24350	484	23866
8	163414	2695	160719
9	53804	789	53015
10	7	5	2
11	2	2	0
12	0	0	0
合计	526386	19464	506922

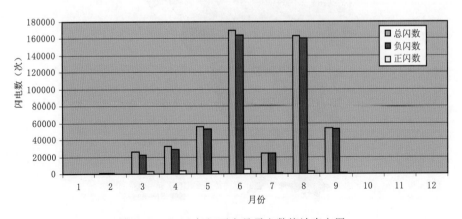

图 3.40　2013 年江西省月雷电数统计直方图

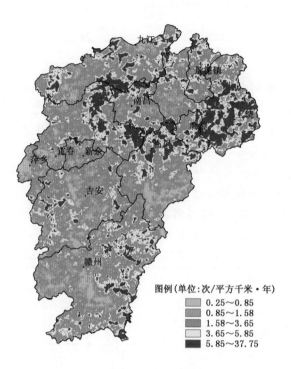

图 3.41　2013 年江西省雷电密度分布图

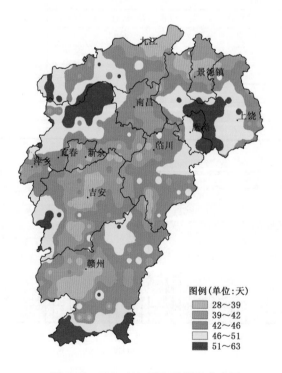

图 3.42　2013 年江西省雷暴日分布图

十五、山东省

2013年山东省共发生闪电331 529次,其中正闪12 029次,负闪319 500次,每月雷电次数见表3.15和图3.43。由表和图可见,1—2月有少量雷电活动,3—5月雷电活动逐渐增多,6—8月是雷电高发期,其中8月雷电活动次数最多,10—11月雷电活动减少,12月无雷电活动。

山东省雷电密度分布如图3.44所示,中西部地区雷电密度明显高于东部地区。高密度区集中在济南、聊城、枣庄、临沂、泰安和淄博等地区,最高雷电密度为28.75次/(平方千米·年),比2012年增加14次/(平方千米·年)。山东省雷暴日分布如图3.45所示,年雷暴日数最高为37天,雷暴月数为10个月。

表 3.15　山东省 2013 年月雷电数统计表(单位:次)

月份	总闪数	正闪数	负闪数
1	1	0	1
2	10	1	9
3	1370	137	1233
4	989	197	792
5	4512	904	3608
6	13303	621	12682
7	145725	5186	140539
8	163392	4752	158640
9	2167	197	1970
10	46	29	17
11	14	5	9
12	0	0	0
合计	331529	12029	319500

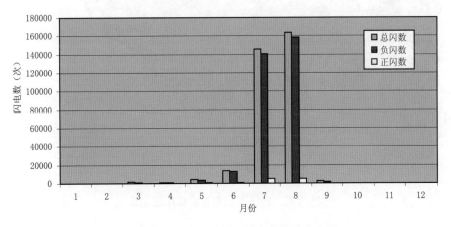

图 3.43　2013 年山东省月雷电数统计直方图

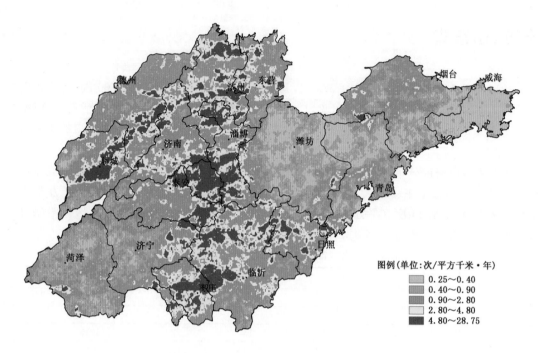

图 3.44　2013 年山东省雷电密度分布图

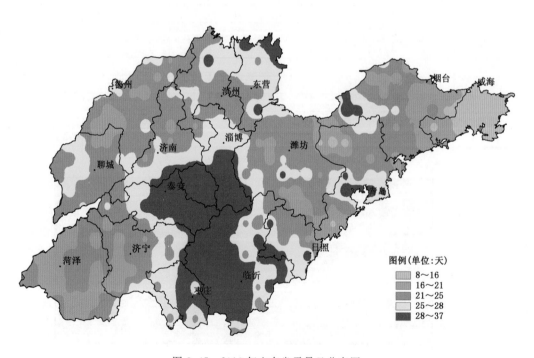

图 3.45　2013 年山东省雷暴日分布图

十六、河南省

　　2013 年河南省共发生闪电 459 085 次，其中正闪 19 336 次，负闪 439 749 次。每月雷电次数见表 3.16 和图 3.46。由表和图可见，1—2 月有少量雷电活动，3 月雷电活动明显增多，4 月雷电活动较 3 月有所减少，6—8 月为雷电高发期，其中 8 月雷电活动次数最多，10 月雷电活动骤然减少，11 月雷电活动有所上升，12 月无雷电活动。

　　河南省雷电密度分布如图 3.47 所示，高密度区分布在全省西南部地区，包括南阳东部和驻马店大部分，最高雷电密度为 39.25 次/（平方千米·年），较 2012 年增加约 15.84 次/（平方千米·年）。河南省雷暴日分布如图 3.48 所示，年雷暴日数最高为 36 天，较 2012 年减少 6 天，雷暴月数为 11 个月。

表 3.16　河南省 2013 年月雷电数统计表（单位：次）

月份	总闪数	正闪数	负闪数
1	37	26	11
2	571	78	493
3	4678	196	4482
4	2308	251	2057
5	5330	1368	3962
6	22873	2316	20557
7	172386	5961	166425
8	244997	8945	236052
9	5313	165	5148
10	9	2	7
11	583	28	555
12	0	0	0
合计	459085	19336	439749

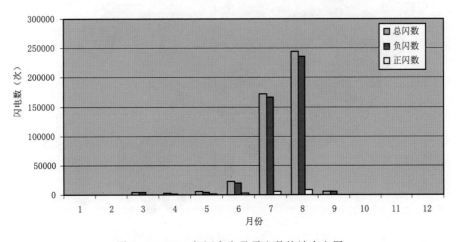

图 3.46　2013 年河南省月雷电数统计直方图

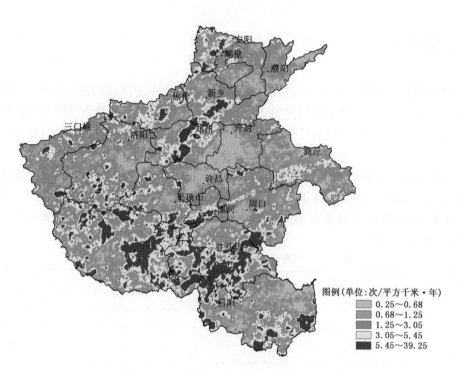

图 3.47　2013 年河南省雷电密度分布图

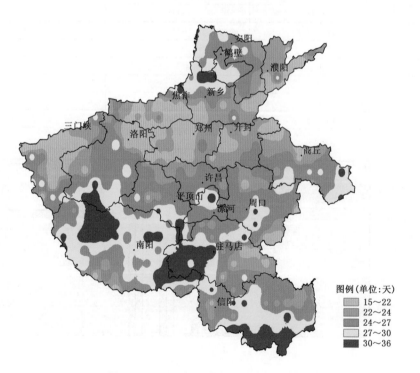

图 3.48　2013 年河南省雷暴日分布图

十七、湖北省

2013年湖北省共发生闪电612 795次,其中正闪25 208次,负闪587 587次,每月雷电次数见表3.17和图3.49。由表和图可见,1月开始有少量雷电活动,2月雷电活动增多,3—9月是雷电高发期,其中7月雷电活动次数最多,10—11月雷电活动开始减少,12月份有少量的雷电活动。

湖北省雷电密度分布如图3.50所示,高密度区集中在全省的大部分地区,而低密度区主要在西部少部分地区。最高雷电密度为45.58次/(平方千米·年),较2012年增加约10次/(平方千米·年)。湖北省雷暴日分布如图3.51所示,年雷暴日数最高为53天,雷暴月数为10个月。

表 3.17　湖北省 2013 年月雷电数统计表(单位:次)

月份	总闪数	正闪数	负闪数
1	194	59	135
2	1035	82	953
3	21152	1910	19242
4	25896	3365	22531
5	13656	1276	12380
6	72079	2528	69551
7	238135	8794	229341
8	215883	6198	209685
9	24750	994	23756
10	2	1	1
11	12	1	11
12	1	0	1
合计	612795	25208	587587

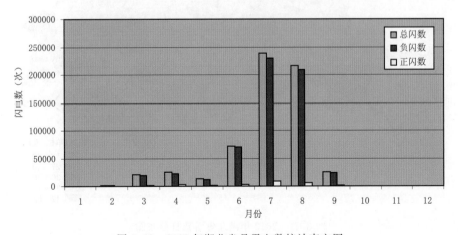

图 3.49　2013 年湖北省月雷电数统计直方图

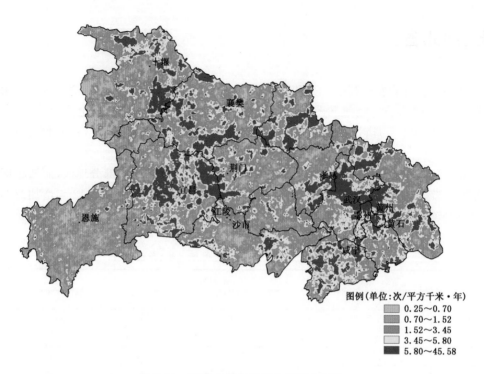

图例(单位:次/平方千米·年)
　0.25～0.70
　0.70～1.52
　1.52～3.45
　3.45～5.80
　5.80～45.58

图 3.50　2013 年湖北省雷电密度分布图

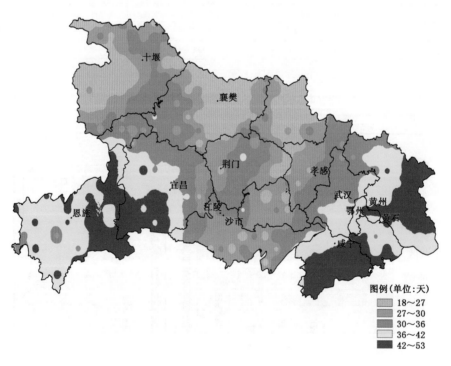

图例(单位:天)
　18～27
　27～30
　30～36
　36～42
　42～53

图 3.51　2013 年湖北省雷暴日分布图

十八、湖南省

2013 年湖南省共发生闪电 378 468 次,其中正闪 16 591 次,负闪 361 877 次。每月雷电次数见表 3.18 和图 3.52。由表和图可见,1 月开始有少量雷电活动,2 月雷电活动开始增多,3—9 月为雷电高发期,其中 8 月雷电活动次数最多,10 月雷电活动急剧减少,11—12 月无雷电活动。

湖南省雷电密度分布如图 3.53 所示,高密度区分布在郴州、岳阳及长沙和益阳的东部,最高雷电密度为 30.25 次/(平方千米·年)。湖南省雷暴日分布如图 3.54 所示,年雷暴日数最高为 57 天,较 2012 年减少 13 天,雷暴月数为 10 个月。

表 3.18　湖南省 2013 年月雷电数统计表(单位:次)

月份	总闪数	正闪数	负闪数
1	87	27	60
2	637	137	500
3	38965	3478	35487
4	34850	4566	30284
5	39783	3135	36648
6	98075	2482	95593
7	46339	1105	45234
8	99502	1322	98180
9	20221	331	19890
10	9	8	1
11	0	0	0
12	0	0	0
合计	378468	16591	361877

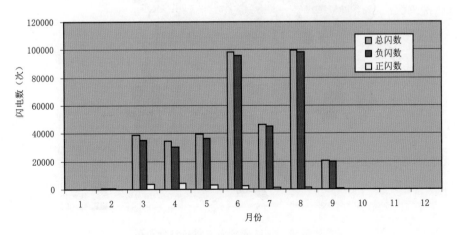

图 3.52　2013 年湖南省月雷电数统计直方图

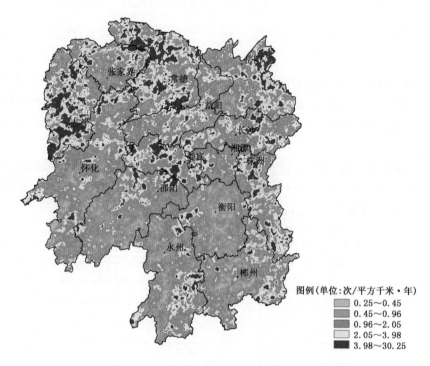

图 3.53　2013 年湖南省雷电密度分布图

图例(单位:次/平方千米·年)
0.25~0.45
0.45~0.96
0.96~2.05
2.05~3.98
3.98~30.25

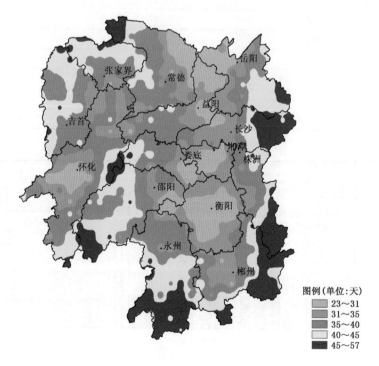

图 3.54　2013 年湖南省雷暴日分布图

图例(单位:天)
23~31
31~35
35~40
40~45
45~57

十九、广东省

2013 年广东省共发生闪电 912 106 次,其中正闪 33 204 次,负闪 878 902 次,每月雷电次数见表 3.19 和图 3.55。由图和表可见,1 月有零星雷电活动,2 月雷电活动开始增多,3—9 月是雷电高发期,其中 5 月份雷电活动次数最多,10 月雷电活动骤然减少,12 月无雷电活动。

广东省雷电密度分布如图 3.56 所示,高密度区主要集中在中部,分布在广州、清远、肇庆、佛山、东莞和惠州等地。最高雷电密度为 36 次/(平方千米·年),较 2012 年减少了 29.75 次/(平方千米·年)。广东省雷暴日分布如图 3.57 所示,年雷暴日数最高为 94 天,雷暴月数为 9 个月。

表 3.19　广东省 2013 年月雷电数统计表(单位:次)

月份	总闪数	正闪数	负闪数
1	1	0	1
2	63	22	41
3	27592	2553	25039
4	46589	4767	41822
5	285738	11986	273752
6	159421	3966	155455
7	127487	3470	124017
8	218404	5681	212723
9	46743	746	45997
10	65	10	55
11	3	3	0
12	0	0	0
合计	912106	33204	878902

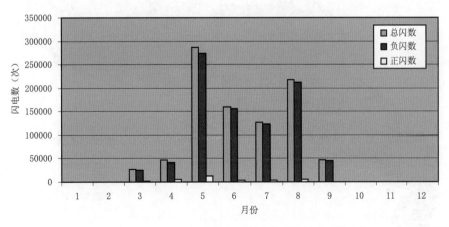

图 3.55　2013 年广东省月雷电数统计直方图

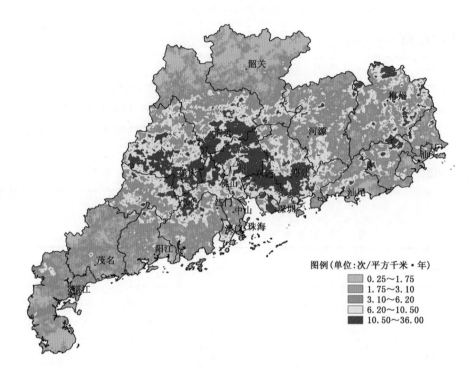

图 3.56　2013 年广东省雷电密度分布图

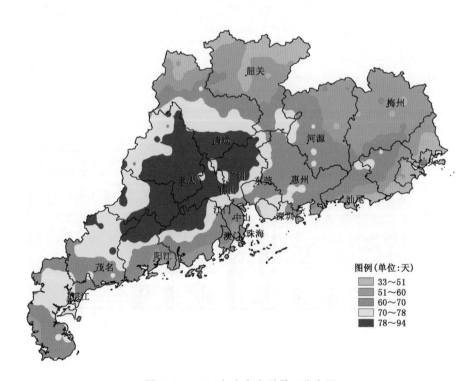

图 3.57　2013 年广东省雷暴日分布图

二十、广西壮族自治区

　　2013年广西壮族自治区共发生闪电 571 426 次,其中正闪 22 607 次,负闪 548 819 次,每月雷电次数见表 3.20 和图 3.58。由表和图可见,1—2 月开始有少量雷电活动,3—9 月是雷电高发期,其中 8 月份雷电活动次数最多,10—12 月雷电活动逐渐减少。

　　广西壮族自治区雷电密度分布如图 3.59 所示,高密度区分布在百色、梧州和钦州等地区。最高雷电密度为 36.25 次/(平方千米·年),较 2012 年减少约 6 次/(平方千米·年)。广西壮族自治区雷暴日分布如图 3.60 所示,年雷暴日数最高为 87 天,雷暴月数为 9 个月。

表 3.20　广西壮族自治区 2013 年月雷电数统计表(单位:次)

月份	总闪数	正闪数	负闪数
1	1	0	1
2	64	11	53
3	32624	2235	30389
4	34455	4342	30113
5	121595	7066	114529
6	116060	3706	112354
7	81072	1552	79520
8	138499	2871	135628
9	47035	822	46213
10	19	1	18
11	1	1	0
12	1	0	1
合计	571426	22607	548819

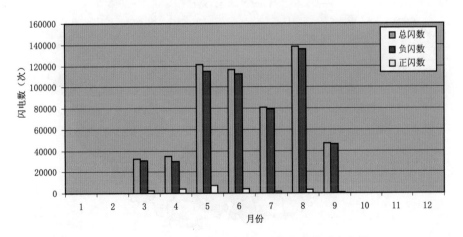

图 3.58　2013 年广西壮族自治区月雷电数统计直方图

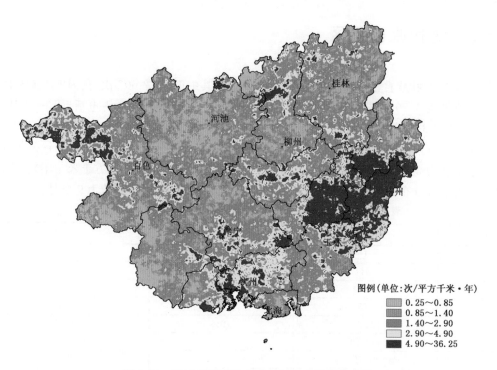

图 3.59　2013 年广西壮族自治区雷电密度分布图

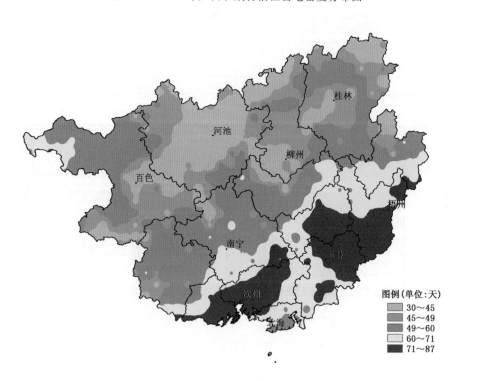

图 3.60　2013 年广西壮族自治区雷暴日分布图

二十一、海南省

2013 年海南省共发生闪电 142 857 次,其中正闪 5 164 次,负闪 137 693 次,每月雷电发生次数见表 3.21 和图 3.61。由表和图可见,1 月无雷电活动,2 月开始有零星雷电活动,3 月雷电活动明显增多,4—9 月是雷电活动高发期,其中 5 月份雷电活动次数最多,10 月雷电活动逐渐减少,11 月无雷电活动,12 月有零星雷电活动。

海南省雷电密度分布如图 3.62 所示,高密度区集中在海南岛的中北部地区,最高雷电密度为 28.25 次/(平方千米·年),与 2012 年持平。海南省雷暴日分布如图 3.63 所示,年雷暴日数最高为 99 天,较 2012 年减少 18 天,雷暴月数为 8 个月。

表 3.21 海南省 2013 年月雷电数统计表(单位:次)

月份	总闪数	正闪数	负闪数
1	0	0	0
2	4	0	4
3	1947	328	1619
4	14702	508	14194
5	38142	1490	36652
6	20904	540	20364
7	24730	881	23849
8	26903	979	25924
9	14968	396	14572
10	555	42	513
11	0	0	0
12	2	0	2
合计	142857	5164	137693

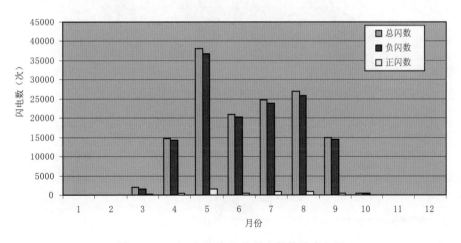

图 3.61 2013 年海南省月雷电数统计直方图

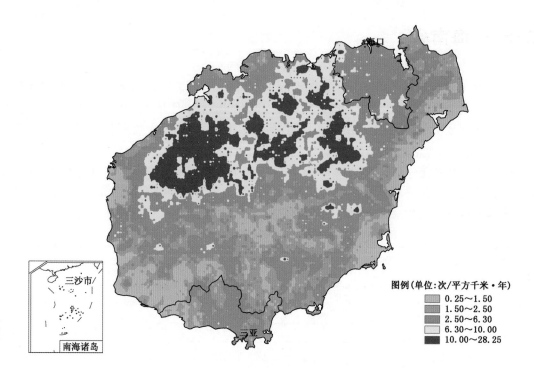

图 3.62　2013 年海南省雷电密度分布图

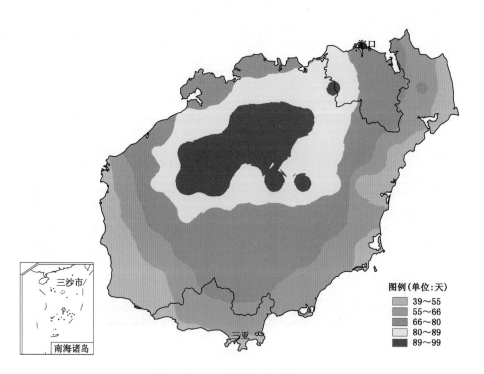

图 3.63　2013 年海南省雷暴日分布图

二十二、重庆市

2013年重庆市共发生闪电263 742次，其中正闪7 740次，负闪256 002次，每月雷电次数见表3.22和图3.64。由表和图可见，2月雷电活动逐渐增多，3—8月是雷电高发期，其中8月雷电活动次数最多。9月仍有较多雷电活动，但相比雷电高发期数量明显减少，10—12月有零星雷电活动。

重庆市雷电密度分布如图3.65所示，高密度区较2012年集中，集中在重庆市西部、中部偏南地区，最高雷电密度为24.5次/（平方千米·年），较2012年减少15.5次/（平方千米·年）。此外，中东部地区存在一些零散的高值区。重庆雷暴日分布如图3.66所示，年雷暴日数最高为55天，较2012年增加7天，雷暴月数为10个月。

表3.22 重庆市2013年月雷电数统计表（单位：次）

月份	总闪数	正闪数	负闪数
1	52	20	32
2	421	45	376
3	14310	736	13574
4	31904	1454	30450
5	16985	1070	15915
6	40941	1033	39908
7	41954	1234	40720
8	109968	1734	108234
9	7190	405	6785
10	12	7	5
11	4	2	2
12	1	0	1
合计	263742	7740	256002

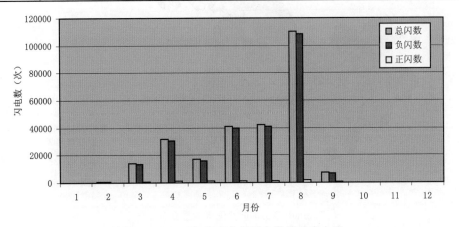

图3.64 2013年重庆市月雷电数统计直方图

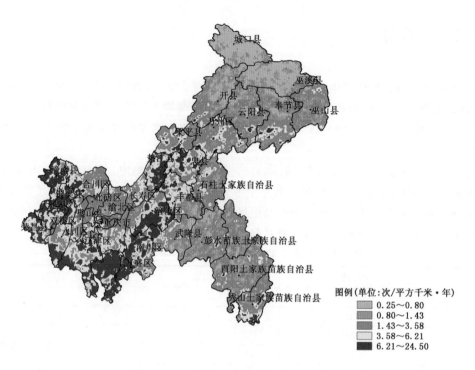

图 3.65　2013 年重庆市雷电密度分布图

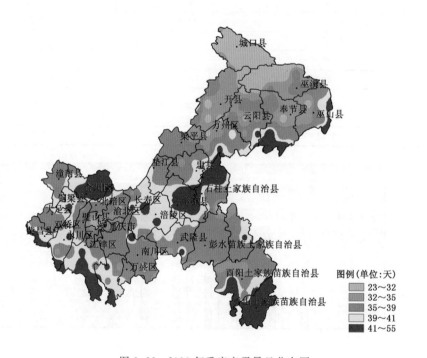

图 3.66　2013 年重庆市雷暴日分布图

二十三、四川省

2013年四川省共发生闪电 1 426 235 次,其中正闪 50 073 次,负闪 1 376 162。每月雷电次数见表 3.23 和图 3.67。由表和图可见,1—2 月开始有少量雷电活动,3—9 月是雷电高发期,其中 8 月雷电次数最多,达到 532 459 次,10 月份雷电活动明显减少,11—12 月仅有少量的雷电活动。四川省全年雷电活动数量较多,主要集中在雷电高发期。

四川省雷电密度分布如图 3.68 所示,高密度区主要集中在东部地区,最高雷电密度为62.5 次/(平方千米·年),较 2012 年最高雷电密度增加 26.5 次/(平方千米·年)。四川省雷暴日分布如图 3.69 所示,年雷暴日数最高为 91 天,较 2012 年增加了 10 天,雷暴月数为 10个月。

表 3.23　四川省 2011 年月雷电数统计表(单位:次)

月份	总闪数	正闪数	负闪数
1	2	0	2
2	13	1	12
3	13183	737	12446
4	62631	2902	59729
5	34643	2710	31933
6	302870	12432	290438
7	390017	13818	376199
8	532459	12237	520222
9	88430	4752	83678
10	1946	474	1472
11	38	8	30
12	3	2	1
合计	1426235	50073	1376162

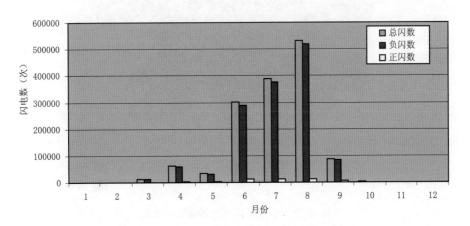

图 3.67　2013 年四川省月雷电数统计直方图

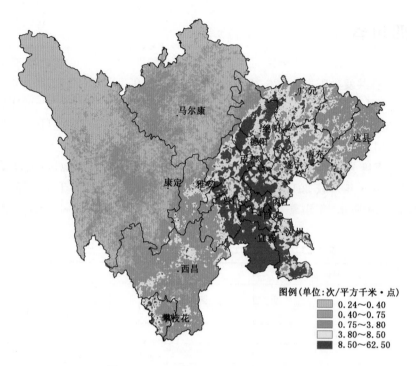

图 3.68　2013 年四川省雷电密度分布图

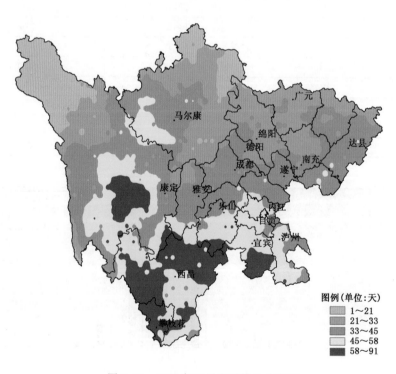

图 3.69　2013 年四川省雷暴日分布图

二十四、贵州省

2013年贵州省共发生闪电482 349次,其中正闪16 242次,负闪466 107次。每月雷电次数见表3.24和图3.70。由表和图可见,1月开始有少量雷电活动,2月雷电活动逐渐增多,3～9月是雷电高发期,8月雷电活动次数最多,11月无雷电活动发生,1月和12月仅有少量雷电活动。

贵州省雷电密度分布如图3.71所示,高密度区主要分布在遵义、毕节和六盘水等地,最高雷电密度为28.75次/(平方千米·年),较2012年减少约22次/(平方千米·年)。贵州省雷暴日分布如图3.72所示,年雷暴日数最高为81天,比2012年增加16天,雷暴月数为11个月。

表 3.24 贵州省 2011 年月雷电数统计表(单位:次)

月份	总闪数	正闪数	负闪数
1	20	7	13
2	1336	201	1135
3	47151	2551	44600
4	65136	3126	62010
5	83578	3578	80000
6	114335	3729	110606
7	22992	525	22467
8	120570	1734	118836
9	27066	734	26332
10	155	56	99
11	0	0	0
12	10	1	9
合计	482349	16242	466107

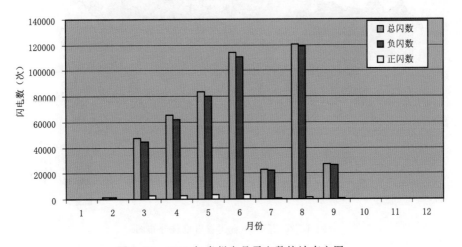

图 3.70 2013年贵州省月雷电数统计直方图

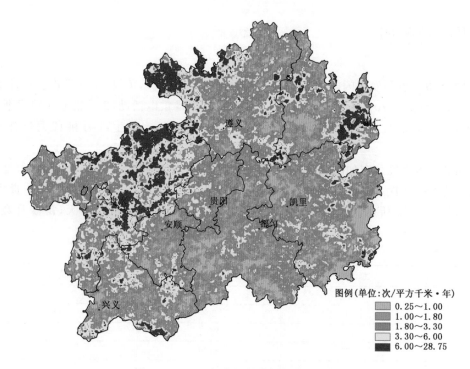

图 3.71　2013 年贵州省雷电密度分布图

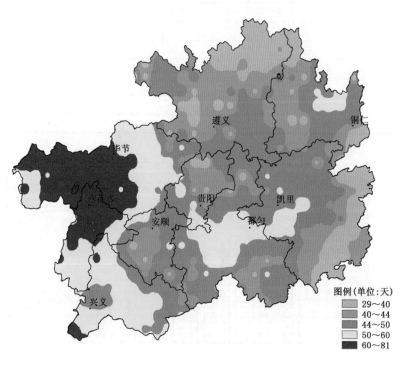

图 3.72　2013 年贵州省雷暴日分布图

二十五、云南省

2013 年云南省共发生闪电 794 748 次,其中正闪 33 650 次,负闪 761 098 次,每月雷电次数见表 3.25 和图 3.73。由表和图可见,1—2 月有较少的雷电活动,3—9 月是雷电高发期,其中 8 月份雷电活动最为频繁,10 月雷电活动开始减弱,11—12 月仅有少量的雷电活动。总的来说,云南省全年雷电活动频繁,主要集中在 5—9 月份,这段时间发生的雷电次数占该区域全年雷电总数的 90%以上。

云南省雷电密度分布如图 3.74 所示,高密度区与 2012 年基本相同,主要分布在昭通东北部、昆明、玉溪、楚雄、丽江东南部及云南南部部分零散地区。最高雷电密度为 50.5 次/(平方千米·年)。较 2012 年增加了 22.5 次/(平方千米·年)。云南省雷暴日分布如图 3.75 所示,年雷暴日数最高为 93 天,较 2012 年增加了 23 天,雷暴月数为 12 个月。

表 3.25　云南省 2013 年月雷电数统计表(单位:次)

月份	总闪数	正闪数	负闪数
1	275	167	108
2	2731	487	2244
3	21798	3812	17986
4	44600	4917	39683
5	60557	5107	55450
6	124366	5069	119297
7	181444	4285	177159
8	292763	6734	286029
9	59633	1963	57670
10	5173	472	4701
11	8	8	0
12	1400	629	771
总数	794748	33650	761098

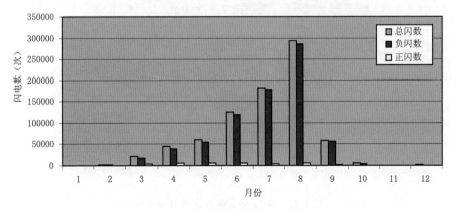

图 3.73　2013 年云南省月雷电数统计直方图

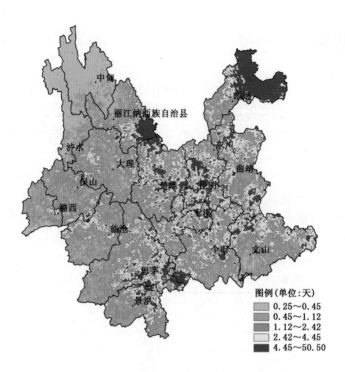

图 3.74　2013 年云南省雷电密度分布图

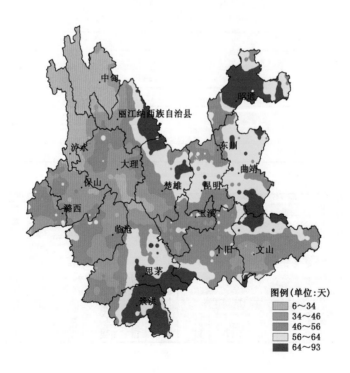

图 3.75　2013 年云南省雷暴日分布图

二十六、西藏自治区

2013 年西藏自治区共发生闪电 24 591 次,其中正闪 2 700 次,负闪 21 891 次,每月雷电发生次数见表 3.26 和图 3.76。由表和图可见,1—3 月有零星雷电活动,4 月雷电活动逐渐增多,5—10 月是雷电高发期,其中 8 月份雷电活动次数最多,11 月雷电活动逐渐减少,12 月无雷电活动。

西藏自治区雷电密度分布如图 3.77 所示,高密度区集中在昌都、那曲、拉萨和泽当等地,最高雷电密度为 2.50 次/(平方千米・年),较 2012 年减少了 1.25 次/(平方千米・年)。西藏自治区雷暴日分布如图 3.78 所示,年雷暴日数最高为 53 天,较 2012 年减少了 6 天,雷暴月数为 11 个月。

表 3.26　西藏自治区 2013 年月雷电数统计表(单位:次)

月份	总闪数	正闪数	负闪数
1	10	7	3
2	22	2	20
3	231	128	103
4	734	148	586
5	1097	206	891
6	4713	375	4338
7	5584	525	5059
8	5837	672	5165
9	5124	493	4631
10	1200	130	1070
11	39	14	25
12	0	0	0
总数	24591	2700	21891

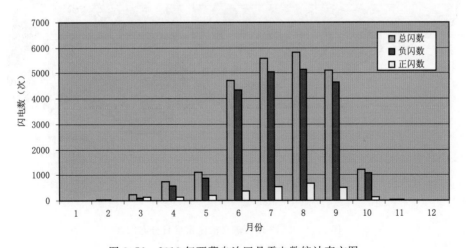

图 3.76　2013 年西藏自治区月雷电数统计直方图

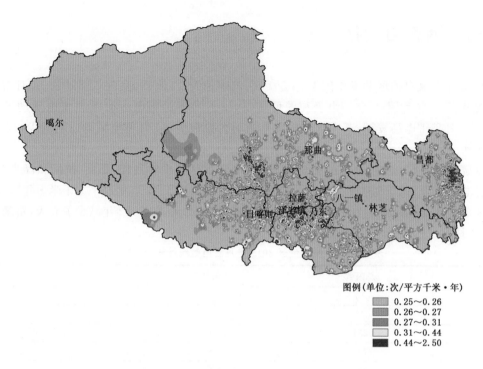

图例(单位:次/平方千米·年)
- 0.25~0.26
- 0.26~0.27
- 0.27~0.31
- 0.31~0.44
- 0.44~2.50

图 3.77　2013 年西藏自治区雷电密度分布图

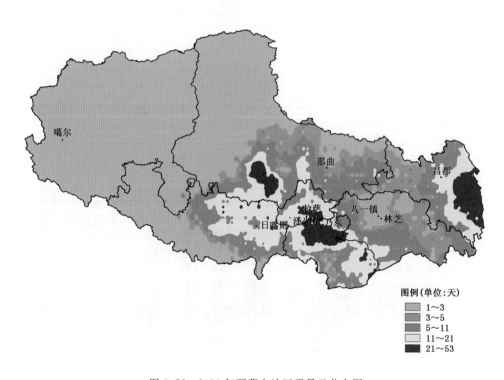

图例(单位:天)
- 1~3
- 3~5
- 5~11
- 11~21
- 21~53

图 3.78　2013 年西藏自治区雷暴日分布图

二十七、陕西省

2013年陕西省共发生闪电260 601次,其中正闪13 468次,负闪247 133次。每月雷电次数见表3.27和图3.79。由表和图可见,1—2月有少量雷电活动,3月份雷电活动开始增多,4 9月是雷电高发期,其中8月雷电活动最频繁,10—11月雷电活动减少,12月无雷电活动。

陕西省雷电密度分布如图3.80所示,高密度区比较集中,主要集中在榆林东南部和延安中部,最高雷电密度为20.5次/(平方千米·年),较2012年增加了约2次/(平方千米·年)。

陕西省雷暴日分布如图3.81所示,年雷暴日数最高为37天,雷暴月数为9个月。

表3.27 陕西省2013年月雷电数统计表(单位:次)

月份	总闪数	正闪数	负闪数
1	1	1	0
2	3	1	2
3	1958	215	1743
4	9443	1017	8426
5	14792	2302	12490
6	16881	1208	15673
7	76735	2713	74022
8	129934	4544	125390
9	8596	1001	7595
10	2243	462	1781
11	15	4	11
12	0	0	0
合计	260601	13468	247133

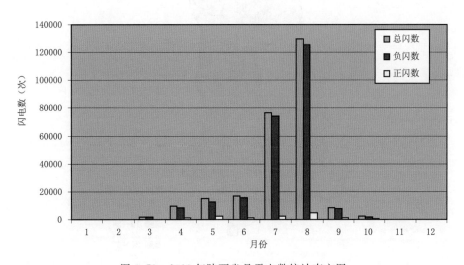

图3.79 2013年陕西省月雷电数统计直方图

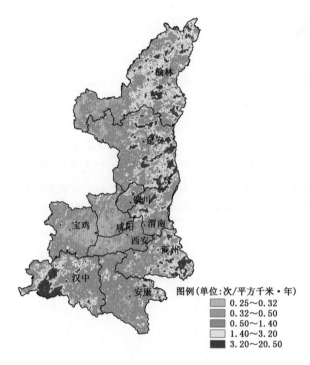

图 3.80　2013 年陕西省雷电密度分布图

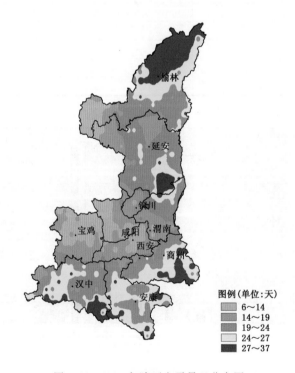

图 3.81　2013 年陕西省雷暴日分布图

二十八、甘肃省

　　2013 年甘肃省共发生闪电 57 434 次,其中正闪 7 057 次,负闪 50 377 次。每月雷电次数见表 3.28 和图 3.82。由表和图可见,1 月无雷电活动,2 月有少量雷电活动,3—4 月雷电活动开始增多,5—9 月是雷电高发期,其中 8 月雷电活动最频繁,10 月雷电活动明显减少,11—12 月无雷电活动。

　　甘肃省雷电密度分布如图 3.83 所示,高密度区主要集中在平凉和西峰,成县地区也有零散分布,最高雷电密度为 20.5 次/(平方千米·年),较 2012 年增加了约 15 次/(平方千米·年)。甘肃省雷暴日分布如图 3.84 所示,年雷暴日数最高为 35 天,雷暴月数为 8 个月。

表 3.28　甘肃省 2013 年月雷电数统计表(单位:次)

月份	总闪数	正闪数	负闪数
1	0	0	0
2	1	0	1
3	201	18	183
4	692	223	469
5	3804	1128	2676
6	7738	1412	6326
7	7155	649	6506
8	33343	2574	30769
9	4043	796	3247
10	457	257	200
11	0	0	0
12	0	0	0
合计	57434	7057	50377

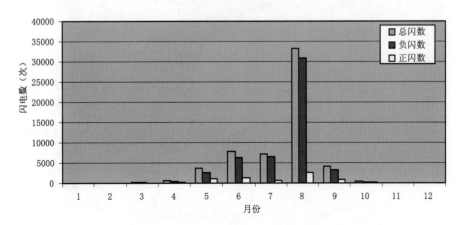

图 3.82　2013 年甘肃省月雷电数统计直方图

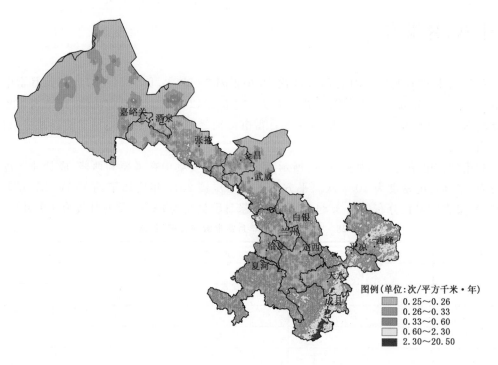

图 3.83　2013 年甘肃省雷电密度分布图

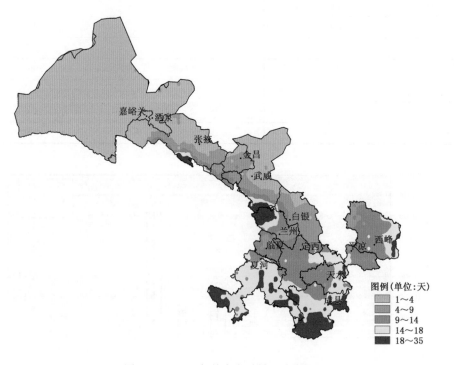

图 3.84　2013 年甘肃省雷暴日分布图

二十九、青海省

　　2013 年青海省共发生闪电 47 179 次,其中正闪 7 232 次,负闪 39 947 次。每月雷电次数见表 3.29 和图 3.85。由表和图可见,1—2 月无雷电活动,3 月有零星的雷电活动,5—9 月是雷电高发期,其中 8 月雷电活动最频繁,10 月雷电活动明显减少,12 月无雷电活动。

　　青海省雷电密度分布如图 3.86 所示,高密度区主要集中在西宁、共和和民源的交界处,最高雷电密度为 16 次/(平方千米·年),较 2012 年增加了约 5 次/(平方千米·年)。青海省雷暴日分布如图 3.87 所示,年雷暴日数最高为 42 天,较 2012 年减少了 8 天,雷暴月数为 8 个月。

表 3.29　青海省 2013 年月雷电数统计表(单位:次)

月份	总闪数	正闪数	负闪数
1	0	0	0
2	0	0	0
3	2	0	2
4	237	25	212
5	2064	196	1868
6	6809	2228	4581
7	5462	305	5157
8	28989	3909	25080
9	3354	480	2874
10	250	85	165
11	12	4	8
12	0	0	0
合计	47179	7232	39947

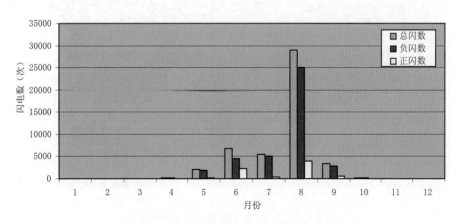

图 3.85　2013 年青海省月雷电数统计直方图

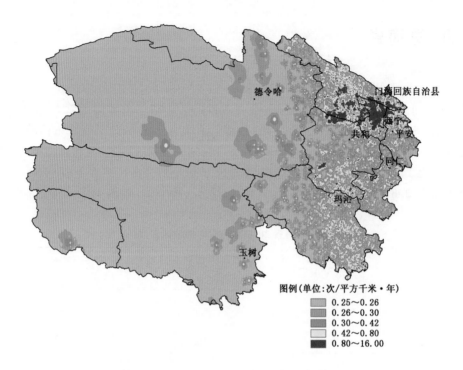

图 3.86　2013 年青海省雷电密度分布图

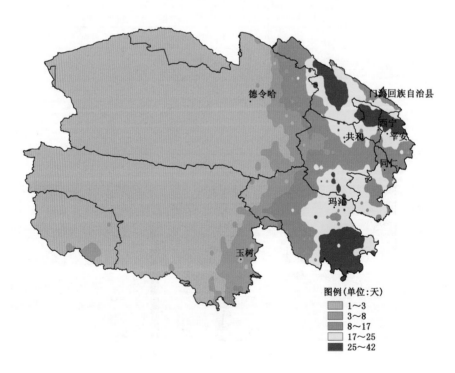

图 3.87　2013 年青海省雷暴日分布图

三十、宁夏回族自治区

2013年宁夏回族自治区共发生闪电7 360次,其中正闪660次,负闪6 700次,较2012年总闪数减少了约41%,每月雷电发生次数见表3.30和图3.88。由表和图可见,1—2月无雷电活动,3—4月有少量雷电活动,5—9月份是雷电活动高发期,10月雷电活动明显减少,11—12月无雷电活动。与2012年相同,雷电活动在8月份发生最为频繁。

宁夏回族自治区雷电密度分布如图3.89所示,高密度区比较分散,主要分布在吴忠及全区东部零星区域,最高雷电密度为3.5次/(平方千米・年),较2012年减少了约3次/(平方千米・年)。宁夏回族自治区雷暴日分布如图3.90所示,年雷暴日数最高为23天,雷暴月数为8个月。

表3.30 宁夏回族自治区2013年月雷电数统计表(单位:次)

月份	总闪数	正闪数	负闪数
1	0	0	0
2	0	0	0
3	10	1	9
4	47	5	42
5	325	69	256
6	694	117	577
7	1229	90	1139
8	3436	104	3332
9	1476	218	1258
10	143	56	87
11	0	0	0
12	0	0	0
合计	7360	660	6700

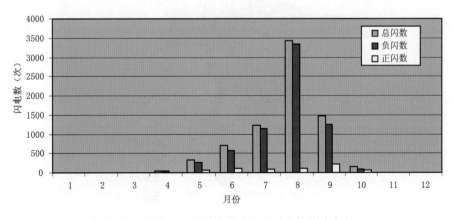

图3.88 2013年宁夏回族自治区月雷电数统计直方图

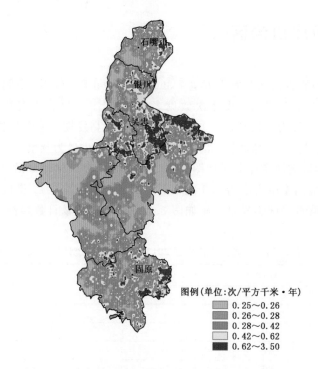

图 3.89　2013 年宁夏回族自治区雷电密度分布图

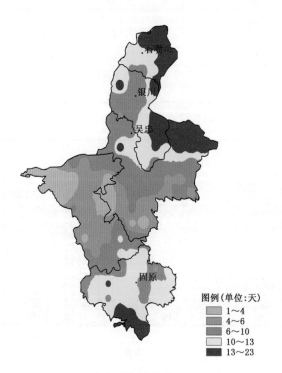

图 3.90　2013 年宁夏回族自治区雷暴日分布图

三十一、新疆维吾尔自治区

2013 年新疆维吾尔自治区共发生闪电 60 520 次,其中正闪 7 740 次,负闪 52 780 次,每月雷电发生次数见表 3.31 和图 3.91。由表和图可见,1 月无雷电活动,2—4 月有少量的雷电活动,5—9 月是雷电活动高发期,其中 7 月雷电活动最频繁,10—11 月雷电活动明显减少,12 月无雷电活动。

新疆维吾尔自治区雷电密度分布如图 3.92 所示,高密度区主要分布在克拉玛依和乌鲁木齐等地区,最高雷电密度为 5.50 次/(平方千米·年),较 2012 年增加了 2.25 次/(平方千米·年)。新疆维吾尔自治区雷暴日分布如图 3.93 所示,年雷暴日数最高为 40 天,较 2012 年增加了 7 天,雷暴月数为 10 个月。

表 3.31　新疆维吾尔自治区 2013 年月雷电数统计表(单位:次)

月份	总闪数	正闪数	负闪数
1	0	0	0
2	41	14	27
3	46	18	28
4	618	175	443
5	3207	631	2576
6	13784	1907	11877
7	27792	3069	24723
8	11287	1380	9907
9	3678	532	3146
10	60	13	47
11	7	1	6
12	0	0	0
合计	60520	7740	52780

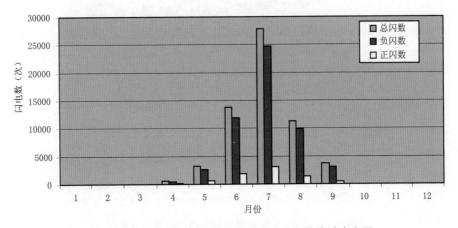

图 3.91　2013 年新疆维吾尔自治区月雷电数统计直方图

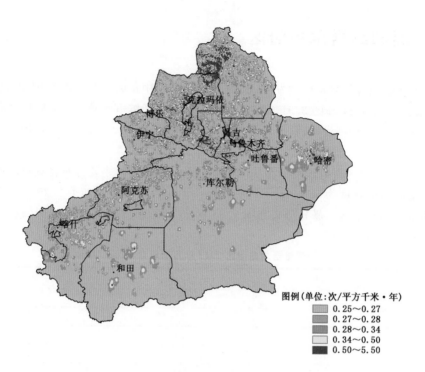

图例(单位:次/平方千米·年)
0.25～0.27
0.27～0.28
0.28～0.34
0.34～0.50
0.50～5.50

图 3.92　2013 年新疆维吾尔自治区雷电密度分布图

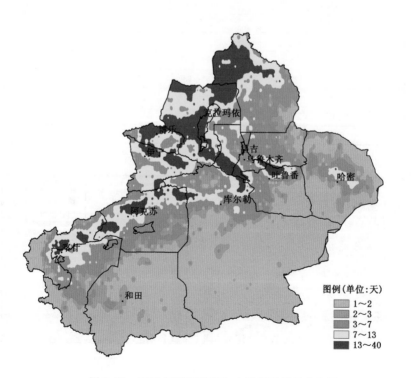

图例(单位:天)
1～2
2～3
3～7
7～13
13～40

图 3.93　2013 年新疆维吾尔自治区雷暴日分布图

第四部分
2013年全国雷电监测信息行业服务

一、全国主要机场年雷暴日、雷电密度分布及雷电强度值

机场的雷电密度、雷暴日是以机场为中心，以30千米为半径统计该范围内的雷电密度和雷暴日。本节给出了2013年全国主要机场在雷电监测网覆盖区域的雷电密度分布、雷暴日及雷电强度值（表4.1）。广东的深圳南头直升机场、深圳宝安国际机场、湛江坡头民航直升机场、湛江坡头中国海洋直升机场、珠海九州直升机场、湛江新塘机场和珠海三灶机场，广西的百色右江机场、梧州机场、柳州机场，重庆的万州机场以及江西的南昌昌北国际机场，雷暴日都达到60天以上；而雷电最高密度区域出现在四川宜宾机场，峰值为17.16次/平方千米·年。

表4.1　2013年全国主要机场年雷暴日、雷电密度分布及雷电强度值统计表

机场	省（区、市）	雷电密度（次/平方千米·年）	雷暴日数（天）	平均正闪强度（千安）	平均负闪强度（千安）
八达岭机场	北京	2.15	29	59.84	−34.73
首都国际机场		2.08	28	60.89	−34.27
北京南苑机场		2.33	28	63.06	−38.98
定陵机场		2.06	28	59.04	−34.69
大溶洞机场		3.78	32	58.57	−33.27
天津滨海国际机场	天津	1.21	28	59.46	−33.12
天津塘沽机场		1.33	29	61.57	−35.77
天津滨海东方通用直升机机场		1.60	27	65.80	−36.83
石家庄正定国际机场	河北	9.34	29	61.89	−34.53
秦皇岛山海关机场		1.43	24	47.69	−36.41
邯郸机场		1.93	30	63.42	−47.22
承德机场		1.10	20	70.29	−42.85
太原武宿机场	山西	1.18	29	61.21	−42.38
长治王村机场		1.52	31	63.46	−39.96
平朔安太堡机场		2.10	22	59.49	−34.60
大同怀仁机场		2.05	38	64.36	−38.99
大同航空培训基地机场		1.89	36	55.58	−32.60
运城关公机场		1.87	37	54.98	−32.17
扎兰屯航空护林站机场	内蒙古	0.90	15	54.76	−32.79
呼和浩特白塔机场		1.77	17	57.73	−30.73
包头二里半机场		2.05	34	49.41	−27.39
海拉尔东山机场		0.44	38	53.32	−27.26

续表

机场	省（区、市）	雷电密度 （次/平方千 米·年）	雷暴日数 （天）	平均正闪 强度（千安）	平均负闪 强度（千安）
赤峰土城子机场		0.58	17	55.75	−47.59
通辽机场		0.93	18	75.31	−47.77
锡林浩特机场		0.29	23	66.53	−44.66
乌兰浩特机场	内蒙古	0.46	13	101.04	−70.89
乌海机场		0.31	18	64.41	−45.44
满洲里西郊机场		0.46	15	67.12	−64.06
加格达奇护林航空站机场		0.47	11	58.53	−49.10
沈阳桃仙国际机场		1.99	23	58.97	−31.74
大连周水子机场		1.04	25	54.97	−32.34
沈阳于洪全胜机场		2.20	13	73.89	−42.83
沈阳苏家屯红宝山机场		1.72	24	55.04	−30.82
长海大长山岛机场	辽宁	0.94	23	57.88	−32.28
丹东浪头机场		2.29	20	56.68	−38.58
朝阳机场		0.40	21	55.40	−32.56
鞍山机场		1.02	22	72.97	−49.54
锦州小领子机场		1.02	20	62.91	−30.99
宁安机场		0.39	15	43.41	−41.47
长春龙嘉国际机场		0.76	10	74.99	−40.62
吉林二台子机场		0.99	26	74.34	−35.23
延吉朝阳川机场	吉林	0.30	27	79.73	−41.17
长春二道河子机场		0.74	13	69.02	−52.67
敦化农用航空站机场		0.50	24	73.87	−36.25
白城大青山机场		0.39	12	68.31	−45.62
柳河机场		0.88	19	76.70	−57.11
宝清机场		0.38	23	70.78	−48.39
伊春机场		1.10	7	88.76	−56.33
哈尔滨太平国际机场		0.99	19	59.65	−49.56
嫩江机场		0.43	19	58.97	−35.01
塔河护林航空站塔尔根机场		0.70	18	76.26	−55.83
佳西机场		0.64	19	45.80	−34.84
牡丹江海浪机场	黑龙江	0.47	14	67.72	−50.65
佳木斯东郊机场		0.60	11	66.41	−43.04
黑河机场		0.53	15	68.82	−50.32
齐齐哈尔三家子机场		0.80	19	65.60	−48.52
八五六农航站机场		0.30	16	71.16	−34.50
塔河护林航空站		0.54	7	101.03	−73.13
上海浦东国际机场		3.21	25	60.85	−32.70
上海虹桥机场		5.55	24	54.26	−44.62
龙华机场	上海	5.20	28	51.79	−36.15
上海高东海上救助机场		4.65	26	54.50	−38.28
原上海江湾机场旧址		5.10	25	55.81	−38.35
南京禄口国际机场		3.26	25	56.29	−37.33
常州奔牛机场		2.51	29	39.33	−35.32
江苏泰州春兰直升机场	江苏	2.18	30	52.61	−33.45
南通兴东机场		3.90	23	47.51	−38.12
连云港白塔埠机场		1.07	25	70.63	−43.10

续表

机场	省(区、市)	雷电密度(次/平方千米·年)	雷暴日数(天)	平均正闪强度(千安)	平均负闪强度(千安)
徐州观音山机场	江苏	1.20	20	62.99	−51.99
盐城机场		1.65	21	72.25	−49.92
无锡朔放机场		5.69	23	76.40	−45.27
杭州萧山国际机场	浙江	3.84	36	35.39	−33.92
宁波栎社机场		4.42	33	39.02	−34.34
温州永强机场		1.04	30	49.65	−33.15
桐庐直升机场		4.41	32	62.74	−42.66
黄岩陆桥机场		1.58	39	51.86	−39.74
舟山朱家尖机场		0.60	30	69.80	−44.18
义乌机场		4.07	14	55.35	−59.06
衢州机场		3.81	38	39.45	−30.57
合肥骆岗国际机场	安徽	1.44	35	39.41	−36.14
黄山屯溪机场		3.92	25	65.81	−43.52
安庆天柱山机场		3.00	37	48.36	−38.47
阜阳机场		2.34	30	58.02	−40.66
福州长乐国际机场	福建	1.40	22	63.43	−46.33
厦门高崎机场		2.81	35	38.83	−33.68
南平武夷山机场		2.10	41	55.62	−34.74
泉州晋江机场		1.89	52	41.07	−30.37
连城冠豸山机场		2.81	40	51.26	−37.97
南昌昌北国际机场	江西	4.72	61	42.00	−33.21
九江庐山机场		3.81	38	47.28	−34.28
景德镇罗家机场		3.82	38	51.82	−38.79
赣州黄金机场		1.68	40	51.73	−33.89
吉安井冈山机场		2.86	45	55.58	−35.17
济南遥墙国际机场	山东	2.39	45	60.71	−36.73
青岛流亭国际机场		1.22	21	59.89	−39.21
烟台莱山机场		0.93	23	90.00	−69.47
威海大水泊机场		0.29	19	83.92	−52.77
潍坊机场		0.52	11	74.40	−71.03
临沂机场		2.59	20	71.00	−49.59
东营机场		2.58	24	59.72	−42.72
青岛市石老人直升机场		0.82	20	54.75	−41.11
泰安直升机场		2.94	23	97.29	−72.59
郑州上街机场	河南	3.25	23	97.29	−72.59
明港机场		6.60	13	38.83	−30.76
南阳姜营机场		6.70	21	33.21	−35.65
洛阳北郊机场		2.42	20	48.12	−35.11
郑州新郑国际机场		2.08	16	55.57	−31.22
安阳航空运动学校机场		2.45	12	46.01	−40.63
沙市机场	湖北	2.37	17	59.09	−40.55
武汉天河机场		7.35	29	49.07	−35.75
宜昌三峡机场		4.45	31	43.07	−38.07
襄樊刘集机场		2.60	27	46.81	−33.22
恩施机场		1.29	17	47.38	−37.42

续表

机场	省（区、市）	雷电密度（次/平方千米·年）	雷暴日数（天）	平均正闪强度（千安）	平均负闪强度（千安）
永州零陵机场	湖南	0.92	31	57.48	−43.10
常德机场		3.35	42	45.33	−41.27
张家界荷花机场		1.28	41	58.13	−34.31
长沙黄花国际机场		2.12	41	68.09	−40.53
广州白云国际机场	广东	11.58	47	62.34	−36.18
深圳宝安国际机场		7.25	81	38.17	−30.86
深圳南头直升机场		8.23	75	36.73	−30.52
湛江坡头民航直升机场		2.93	74	37.71	−30.65
湛江坡头中国海洋直升机场		2.90	73	69.28	−52.48
珠海九州直升机场		4.75	73	69.28	−52.48
湛江新塘机场		2.85	60	46.37	−38.38
珠海三灶机场		5.60	81	71.10	−52.47
梅县机场		5.99	56	52.46	−41.19
汕头外砂机场		2.64	54	38.69	−32.36
中山机场		4.38	41	47.32	−37.07
百色右江机场	广西	2.39	72	41.95	−33.51
北海机场		1.62	49	61.45	−41.13
梧州机场		7.04	62	58.76	−56.22
柳州机场		1.69	60	37.55	−34.71
南宁吴圩机场		3.08	42	61.06	−42.09
桂林两江机场		1.89	58	55.49	−38.92
三亚凤凰机场	海南	2.96	54	57.60	−44.41
海口美兰国际机场		4.05	58	49.32	−39.55
万州机场	重庆	2.99	75	51.34	−43.96
重庆江北国际机场		2.45	42	60.95	−41.71
康定斯丁措机场	四川	0.58	37	76.88	−42.04
广汉机场		7.42	36	50.03	−42.57
阆中机场		4.83	20	52.02	−42.94
泸州蓝田机场		9.36	28	63.82	−42.01
宜宾机场		17.16	34	67.28	−39.84
绵阳机场		6.60	32	58.67	−45.74
广元盘龙机场		4.83	18	60.85	−48.44
攀枝花保安营机场		3.94	22	68.41	−42.69
达州机场		3.05	50	50.95	−31.98
南充火花机场		7.06	31	77.68	−48.23
西昌青山机场		2.41	36	53.29	−38.00
成都双流国际机场		8.50	48	47.69	−37.25
九寨沟机场		0.36	21	57.82	−43.56
兴义机场	贵州	1.91	17	64.28	−64.05
黎平机场		1.60	42	68.15	−38.71
铜仁大兴机场		4.48	34	62.20	−36.06
安顺黄果树机场		2.39	41	48.03	−38.68
贵阳龙洞堡机场		2.09	44	63.15	−37.94
文山普者黑机场	云南	1.15	45	62.93	−34.19
临沧博尚机场		1.47	40	56.15	−33.37
芒市机场		1.53	35	50.29	−31.16

续表

机场	省(区、市)	雷电密度（次/平方千米·年）	雷暴日数（天）	平均正闪强度(千安)	平均负闪强度(千安)
保山机场	云南	1.35	47	55.12	−37.35
丽江三义机场		1.69	30	51.42	−34.03
西双版纳嘎洒机场		1.49	34	59.95	−38.31
思茅机场		3.92	51	50.79	−34.52
迪庆香格里拉机场		0.40	53	54.49	−30.94
大理荒草坝机场		1.30	20	66.94	−49.63
昆明巫家坝国际机场		4.38	36	65.59	−36.73
昭通机场		2.42	47	53.67	−35.11
拉萨贡嘎机场	西藏	0.45	35	74.23	−51.07
昌都邦达机场		0.27	33	47.34	−30.14
林芝米林机场		0.25	15	109.89	−65.15
蒲城机场	陕西	1.75	3	145.95	−62.90
安康机场		0.61	15	49.47	−34.62
汉中机场		1.32	21	56.93	−44.61
西安咸阳国际机场		0.53	15	63.60	−44.25
榆林西沙机场		1.93	14	51.02	−35.58
延安二十里堡机场		1.71	25	66.77	−31.06
嘉峪关机场	甘肃	0.27	19	65.12	−36.79
庆阳西峰机场		0.79	1	49.59	−31.71
敦煌机场		0.25	15	85.34	−45.46
兰州中川机场		0.33	1	116.40	−21.29
西宁老机场	青海	0.66	17	71.62	−50.59
西宁曹家堡机场		0.53	26	52.35	−27.81
格尔木机场		0.25	24	50.27	−31.41
银川河东机场	宁夏	0.41	0	0.00	−306.29
伊宁机场	新疆	0.28	16	57.43	−40.82
库车机场		0.31	6	57.23	−32.96
塔城机场		0.28	13	48.73	−39.06
石河子通用航空机场		0.30	5	62.12	−34.03
那拉提机场		0.36	7	74.16	−67.73
克拉玛依旧机场		0.35	10	50.20	−28.49
阿勒泰机场		0.48	17	54.80	−36.60
且末机场		0.42	18	42.63	−28.98
和田机场		0.25	5	56.64	−38.35
阿克苏温宿机场		0.25	0	0.00	−45.27
库尔勒机场		0.29	1	0.00	−36.58
乌鲁木齐地窝铺机场		0.26	10	60.23	−28.20
喀什机场		0.28	1	63.65	−40.45
香港老机场	香港	0.44	5	72.42	−37.46
香港赤腊角机场		8.64	13	49.15	−25.59
澳门机场	澳门	6.35	57	41.24	−32.89
金门机场	台湾	4.85	59	39.58	−33.93
马祖机场		0.89	55	48.46	−40.48

二、全国主要港口年雷暴日、雷电密度分布及雷电强度值

统计全国各大港口在雷电监测网覆盖区域的雷电密度分布、雷暴日及雷电强度值(表4.2),有利于全国各大港口的物流及其他工作安排。港口的雷电密度、雷暴日是以港口为中心,以30千米为半径统计该范围内的雷电密度的平均值和雷暴日的平均值。位于东南沿海的港口雷暴日和雷电密度明显高于北方的港口,其中广州港雷暴日达78天,广州港的雷电密度达9.78次/平方千米·年,居各港口之首。

表4.2　2013年全国主要港口年雷暴日、雷电密度分布及雷电强度值统计表

港口	雷电密度 (次/平方千米·年)	雷暴日数 (天)	平均正闪强度 (千安)	平均负闪强度 (千安)
南京港	4.57	25	39.34	−33.67
广州港	9.78	78	35.54	−30.59
泉州港	2.07	32	45.53	−39.55
防城港	4.41	76	62.28	−52.49
北海港	2.48	62	65.63	−57.07
湛江港	2.70	74	72.25	−53.36
汕头港	2.36	39	53.00	−40.42
深圳港	7.81	70	38.87	−31.19
厦门港	2.73	35	50.19	−36.38
福州港	1.96	31	42.86	−33.65
温州港	3.00	27	52.51	−38.54
宁波港	2.79	20	59.30	−40.88
上海港	4.62	21	55.81	−38.35
连云港港	1.58	22	52.87	−45.73
日照港	2.20	24	61.02	−40.24
青岛港	0.84	26	85.48	−64.11
秦皇岛港	2.14	30	63.54	−47.04
锦州港	0.99	22	60.29	−33.53
营口港	0.69	20	66.26	−42.94
大连港	0.99	22	68.34	−42.15
天津港	1.53	18	59.40	−36.32

三、全国主要发电厂年雷暴日、雷电密度分布及雷电强度值

统计全国主要发电厂在雷电监测网覆盖区域的年雷电密度分布、雷暴日及雷电强度值(表4.3)。发电厂的雷电密度、雷暴日是以发电厂为中心,以30千米为半径统计该范围内的雷电密度的平均值和雷暴日的平均值。

表 4.3 2013 年全国主要发电厂年雷暴日、雷电密度分布及雷电强度值统计表

发电厂	雷电密度 （次/平方千米·年）	雷暴日数 （天）	平均正闪强度 （千安）	平均负闪强度 （千安）
三峡	7.04	41	43.51	−30.46
溪洛渡	4.25	67	63.94	−44.96
龙滩	1.17	48	60.03	−39.12
邹县	1.94	25	56.76	−33.85
小湾	1.51	38	61.30	−34.77
拉西瓦	0.38	14	71.36	−35.20
岭澳	6.10	60	39.90	−32.68
托克托	2.20	29	63.50	−32.17
后石	2.44	30	54.39	−39.12
锦屏一级	1.63	60	46.51	−37.74
二滩	3.09	60	55.01	−33.16
瀑布沟	1.44	46	64.24	−45.14
阳城	2.18	26	61.45	−34.95
北仑	2.85	20	59.30	−40.88
台山	4.03	53	47.22	−38.06
构皮滩	3.62	47	60.44	−44.05
外高桥	4.64	21	55.81	−38.35
嘉兴	2.01	18	47.48	−40.65
达拉特	2.10	26	48.82	−24.55
葛洲坝	5.79	39	47.93	−33.47
太仓港	4.25	20	58.59	−36.96
秦山第二	2.26	19	45.16	−38.88
利港	3.02	20	46.49	−33.47
珞璜	4.49	37	65.77	−39.37
扬州第二	3.43	22	50.06	−32.69
宁海	3.01	27	49.51	−38.10
乌沙山	2.34	26	53.37	−38.67
平圩	1.95	32	64.22	−51.21
珠海	5.30	55	50.83	−40.51
西柏坡	1.85	23	67.78	−42.42
洛河	1.75	33	64.57	−49.57
丰城	4.88	43	43.65	−30.98
德州	1.72	26	76.81	−40.76
阳逻	7.62	36	48.11	−35.63
襄樊	3.74	24	51.69	−37.75
广安	3.71	45	72.44	−40.35
大同第二	1.89	35	55.69	−33.33
丰镇	2.82	36	52.41	−31.74
张家口	1.69	33	59.68	−34.43
广州蓄能	8.17	71	45.80	−36.01
惠州蓄能	9.60	65	48.76	−33.35
盘山	4.17	27	57.29	−34.20
伊敏	0.68	25	70.41	−37.38
首阳山	2.35	19	50.16	−28.50
元宝山	0.60	25	66.44	−43.04
谏壁	2.94	22	48.13	−32.69
吴泾	3.95	21	52.67	−39.43

续表

发电厂	雷电密度 (次/平方千米·年)	雷暴日数 (天)	平均正闪强度 (千安)	平均负闪强度 (千安)
双鸭山	0.35	18	68.26	−57.94
田湾	1.61	22	54.83	−46.01
泰州	2.37	19	45.63	−34.75
玉环	0.76	14	63.41	−53.57
神头第二	2.23	42	62.58	−38.34
靖远	0.30	5	71.21	−53.57
珠江	7.08	69	34.31	−29.67
徐州	1.65	26	58.21	−44.19
大亚湾	6.17	60	39.90	−32.68
沙角第三	6.78	68	33.12	−29.94
营口	0.57	21	66.65	−41.75
太仓	4.40	20	61.01	−37.48
潍坊	0.53	24	71.00	−49.59
三门峡西	2.50	20	61.58	−32.29
湘潭	1.80	34	69.83	−42.81
荆门	4.26	29	53.65	−36.80
天荒坪蓄能	4.64	35	37.34	−34.22
小浪底	2.89	21	43.32	−30.91
妈湾	7.18	69	40.14	−32.20
镇海	3.80	23	51.95	−37.34
白山	1.04	31	73.41	−42.56
邢台	2.08	30	66.48	−44.17
清河	2.50	30	54.67	−36.21
彭水	1.72	35	59.32	−38.12
镇江	3.97	24	43.95	−32.47
漳泽	1.44	29	65.29	−38.01
绥中	1.05	25	62.91	−45.86
哈尔滨第三	1.81	26	53.98	−28.00
水布垭	2.22	43	43.40	−31.45
李家峡	0.34	15	69.09	−43.72
漫湾	1.22	36	58.08	−36.55
陡河	4.90	30	45.03	−29.78
公伯峡	0.35	14	75.47	−41.69
温州	1.94	20	62.32	−43.20
长兴	3.94	24	39.38	−33.88
菏泽	0.75	21	77.36	−37.21
秦山第三	2.26	19	45.47	−39.37
柳林	2.94	25	42.26	−30.96
大连	0.91	21	69.35	−41.77
南通	4.01	20	62.74	−42.96
福州	1.94	31	42.86	−33.65
通辽	0.69	18	73.29	−43.07
阜新	1.72	26	62.62	−39.51
水口	3.69	37	46.86	−33.54
九江	2.36	38	59.33	−40.30
大朝山	1.98	49	62.86	−39.22
台州	2.00	23	65.38	−41.22

续表

发电厂	雷电密度 （次/平方千米·年）	雷暴日数 （天）	平均正闪强度 （千安）	平均负闪强度 （千安）
黄埔	11.15	79	31.80	−29.99
桥头	2.08	32	49.07	−23.03
天生桥二级	2.74	52	60.04	−34.35
上安	1.74	23	63.06	−42.01
河津	1.20	20	57.77	−40.76
望亭	5.40	22	36.78	−35.93
岳阳	2.26	32	56.44	−37.29
半山	4.45	29	34.88	−32.88
渭河	0.56	12	49.81	−37.61
神头第一	2.25	42	62.94	−37.82
龙羊峡	0.34	14	64.71	−32.24
徐塘	1.17	27	69.56	−42.04
新乡	2.32	28	56.39	−39.02
十里泉	5.13	29	50.38	−35.73
邯峰	2.53	27	66.62	−42.09
定州	9.37	31	41.36	−35.22
王滩	3.38	24	51.48	−35.35
黄骅	1.62	22	62.79	−35.89
龙山	2.78	33	58.25	−35.98
王曲	1.54	30	61.14	−35.46
河曲	2.03	28	57.60	−32.83
武乡	2.75	31	78.09	−43.44
岱海	3.60	39	54.57	−30.64
上都	1.01	25	58.22	−36.02
白音华	0.28	14	81.47	−77.31
庄河	1.51	22	64.71	−38.34
石洞口第二	4.84	21	59.19	−35.72
常熟第二	5.04	22	54.48	−40.86
沙洲	4.32	19	61.76	−41.67
常州	2.72	20	51.17	−33.55
兰溪	3.39	36	40.69	−32.07
乐清	1.25	19	60.19	−44.79
阜阳	2.26	26	64.35	−47.19
宿州	2.87	27	63.11	−49.28
田集	1.59	31	66.59	−51.34
可门	1.51	29	48.52	−39.23
宁德	1.41	37	59.47	−44.60
黄金埠	3.75	46	47.81	−34.16
聊城	4.00	26	52.81	−34.83
费县	4.28	34	62.33	−37.05
沁北	2.95	22	57.92	−34.47
新乡宝山	2.38	26	55.56	−41.29
大别山	4.51	36	68.01	−41.41
金竹山	2.59	36	50.46	−35.46
鲤鱼江第二	1.32	37	57.56	−41.36
汕尾	2.44	40	51.48	−40.27
三百门	2.64	43	45.21	−36.77

发电厂	雷电密度（次/平方千米·年）	雷暴日数（天）	平均正闪强度（千安）	平均负闪强度（千安）
惠来	2.81	39	63.24	−42.73
湛江奥里油	3.03	73	65.92	−50.18
防城港	4.44	76	63.22	−53.37
钦州	4.58	76	62.83	−53.06
盘南	2.34	53	70.26	−44.35
滇东	1.79	54	70.17	−43.62
韩城第二	1.41	21	60.10	−41.24
锦界	2.20	32	63.50	−32.53
灵武	0.42	10	56.21	−34.55
鹤岗	0.43	24	72.34	−51.57
汕头	2.36	39	53.00	−40.42
宝山钢铁	4.98	21	59.19	−35.72
大港	1.57	20	67.00	−37.47
衡水	2.83	31	67.18	−35.21
阳泉第二	2.65	31	60.40	−38.51
太原第一	1.20	22	63.08	−41.63
西龙池蓄能	1.38	28	66.11	−46.59
铁岭	2.54	25	58.64	−36.45
蒲石河蓄能	2.27	25	60.65	−30.10
双辽	0.77	20	87.83	−53.15
石洞口第一	4.85	21	59.19	−35.72
常熟	5.04	22	54.48	−40.86
彭城	1.80	25	59.12	−44.27
桐柏蓄能	2.85	33	52.79	−34.08
马鞍山第二	3.03	25	43.97	−35.23
嵩屿	2.71	35	50.19	−36.38
石横	1.87	25	65.01	−33.51
莱城	6.22	32	52.07	−34.27
青岛	0.97	28	97.29	−72.59
姚孟	2.27	26	39.44	−34.36
宝泉蓄能	2.58	30	50.21	−31.62
隔河岩	4.70	42	49.91	−35.40
汉川	5.29	34	47.57	−38.53
白莲河蓄能	3.83	44	60.30	−37.73
石门	4.36	38	55.42	−41.19
湛江	3.06	73	65.92	−50.18
岩滩	1.88	45	45.36	−32.16
天生桥一级	2.75	54	59.88	−34.79
江油	9.31	32	61.22	−44.91
安顺	2.75	45	62.18	−37.38
黔北	5.05	47	51.54	−37.92
纳雍第一	5.47	67	71.69	−38.38
纳雍第二	5.76	66	68.38	−36.80
大方	5.33	59	57.34	−38.11
鸭溪	3.38	43	52.40	−32.90
黔西	4.46	51	56.67	−36.95
曲靖	1.82	57	69.97	−44.25

发电厂	雷电密度 （次/平方千米·年）	雷暴日数 （天）	平均正闪强度 （千安）	平均负闪强度 （千安）
宣威	2.49	60	65.34	−42.42
宝鸡第二	0.58	12	64.35	−40.37
蒲城	2.13	21	51.99	−35.97
平凉	0.63	11	65.75	−41.49
大坝	0.44	8	61.05	−31.76
石嘴山第二	0.44	15	60.00	−54.37
沙角第一	6.67	68	33.96	−29.76
五强溪	2.09	36	48.49	−32.05
海勃湾	0.44	15	69.99	−54.37
锦州	1.32	23	54.66	−32.29
富拉尔基第二	1.20	27	69.29	−29.34
焦作	2.88	23	54.95	−38.85
海口	6.28	81	48.12	−40.68
刘家峡	0.27	8	71.51	−72.63
韶关	3.10	54	56.16	−46.89
乌江渡	2.22	44	47.27	−36.31
辽宁	3.87	33	49.54	−29.07
戚墅堰	2.73	21	51.87	−34.15
天生港	3.96	20	60.72	−42.88
夏港	3.68	20	50.43	−33.77
田家庵	1.88	33	61.97	−49.56
贵溪	5.80	51	42.20	−33.43
万家寨	2.01	32	57.30	−33.20
石洞口燃机	4.93	21	59.19	−35.72
深圳东部燃机	7.08	63	40.61	−32.33
前湾燃机	7.01	68	40.88	−32.02
惠州燃机	7.55	64	36.03	−30.74
淮北	2.53	26	61.95	−46.32
秦岭	0.80	17	61.91	−38.43
光照	3.48	55	63.74	−36.97
牡丹江第二	0.51	17	62.92	−42.35
丰满	1.47	38	91.62	−37.88
秦皇岛	1.67	30	62.99	−46.85
淮阴	2.45	22	42.28	−31.78
扬州	2.62	21	47.67	−32.60
新海	1.01	21	60.91	−49.25
胜利油田自备	2.86	25	57.25	−40.27
辛店	2.87	27	62.90	−38.84
鹤壁	2.84	26	49.20	−36.31
耒阳	0.98	33	52.36	−38.42
张河湾蓄能	1.61	24	64.06	−49.81
宜兴蓄能	3.49	23	40.07	−34.65
泰安蓄能	3.00	30	60.62	−33.02
三板溪	2.06	41	62.20	−38.54
郑州	4.91	21	33.94	−32.75
盘县	3.38	60	60.82	−41.59
马头	1.91	25	70.29	−42.85

续表

发电厂	雷电密度 (次/平方千米·年)	雷暴日数 (天)	平均正闪强度 (千安)	平均负闪强度 (千安)
龙口	1.01	23	74.27	−48.54
合山	3.13	52	43.25	−31.76
杨柳青	1.08	26	63.09	−33.36
洛阳	2.18	21	58.10	−31.39
张家港	5.31	20	53.53	−40.70
萧山	4.10	32	47.37	−38.92
来宾	3.47	52	50.91	−34.97
柘溪	1.60	36	65.30	−37.69
白马	13.12	48	62.00	−45.10
浑江	0.68	24	66.21	−37.12
丹江口	4.71	26	52.88	−37.28

四、西昌卫星发射中心年雷暴日、雷电密度分布及雷电强度值

西昌卫星发射中心地处我国西南崇山峻岭中,属雷暴高发地带,分析以西昌卫星发射中心为中心,以100千米为半径,统计该范围内的雷电活动特性。西昌卫星发射中心2013年雷电逐月分布如图4.1所示,该区域4—9月雷电活动比较频繁,并以负闪为主,6月闪电次数高达25 000多次,为全年最高值,其他月份雷电活动相对较少。

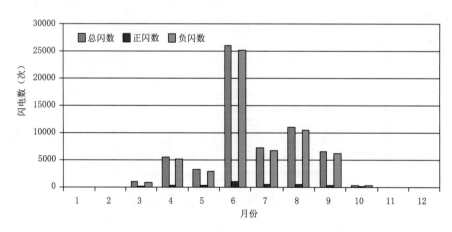

图4.1　西昌卫星发射中心2013年雷电逐月分布图

五、太原卫星发射中心年雷暴日、雷电密度分布及雷电强度值

太原卫星发射中心地处我国北方黄土高原地区,分析以太原卫星发射中心为中心,以100千米为半径,统计该范围内的雷电活动特性。

太原卫星发射中心2013年雷电逐月分布如图4.2所示,雷电活动主要发生在5—9月,

6—7 月闪电次数高于同期 2012 年的闪电数量,7 月闪电数高达 33 374 次,为全年最大值。

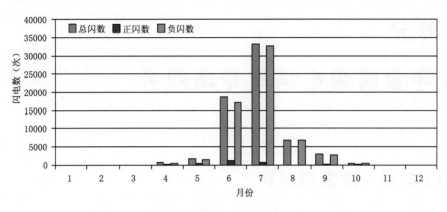

图 4.2　太原卫星发射中心 2013 年雷电逐月分布图

六、文昌卫星发射中心年雷暴日、雷电密度分布及雷电强度值

　　文昌卫星发射中心地处海南岛中部,周边地带属雷暴高发区,分析以文昌卫星发射中心为中心,以 100 千米为半径,统计该范围内的雷电活动特性。2013 年文昌卫星发射中心雷电逐月分布如图 4.3 所示,3 月开始雷暴活动逐渐频繁,4—9 月份为雷暴高发期,5 月份闪电次数达全年最高,为 21 560 次。

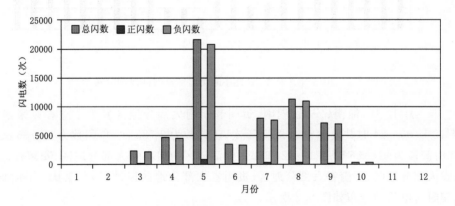

图 4.3　文昌卫星发射中心 2013 年雷电逐月分布图

第五部分
2013 年全国雷电信息专项服务

一、2013 年第一次雷电过程

从 2013 年 3 月 12 日开始,我国河南、安徽、湖南、贵州和云南等地区出现了 2013 年第一次大范围的雷电过程。2013 年 3 月 12 日 00—24 时雷电活动如图 5.1 所示。

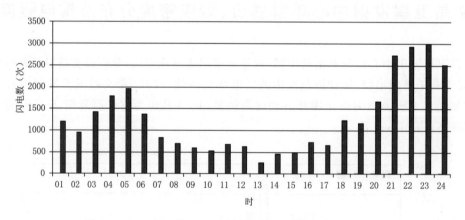

图 5.1　2013 年 3 月 12 日逐小时雷电活动时间序列分布图

2013 年 3 月 12 日,河南、安徽、湖南、贵州和云南大部分地区发生了立春以来强雷电活动。3 月 12 日 00—24 时共发生雷电 30 571 次,正闪数为 2 785 次,负闪数为 27 786 次。雷电活动主要时间段为 01—06 时和 18—24 时,主要活动区为河南省大部分地区、安徽省大部分地区、湖南省大部分地区、云南省大部分地区、贵州省大部分地区以及广西、重庆、山东和河北部分地区,实时雷电活动分布如图 5.2 所示。

二、2013 年汛期期间广东地区强雷电活动

受到快速加强北上的偏南暖湿气流影响,2013 年 3 月 19 日 08 时至 20 日 08 时,广东省出现大雨和强对流天气过程,降水主要分布在珠江口两侧的沿海市(县)以及韶关和清远北部地区。15 时 53 分到 16 时 30 分,东莞市自西向东部分镇街出现了雷雨大风及短时强降水天气,16 时 48 分强回波移出东莞市。19 日 16 时 30 分至 17 时,强对流云系自西向东影响梅州市平

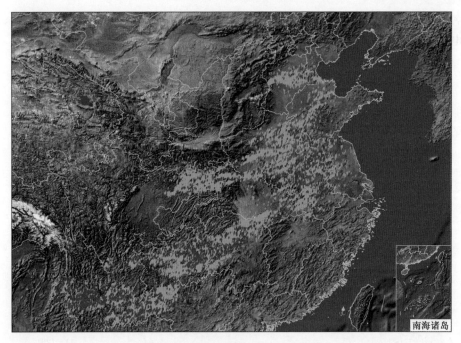

图 5.2　2013 年 3 月 12 日国家雷电监测网实时雷电活动分布图
（红色表示正闪、橙色表示负闪）

远及蕉岭北部乡镇,大部分地区出现了雷雨大风、冰雹天气。

　　2013 年 3 月 19 日 08 时至 20 日 08 时,广东省共发生 4 452 次雷电,雷电发生区域主要集中在广东省北部地区(韶关、清远北部和梅州北部)和南部地区(茂名、阳江、江门、中山、深圳等地区),其中珠江口西南侧地区(江门、中山、阳江等周围地区)为雷电高发区。从逐小时雷电次数来看,雷电高发时间集中在 19 日 10—18 时,其中 16 时雷电次数最高(达到 1 383 次),逐小时雷电次数如图 5.3 所示。

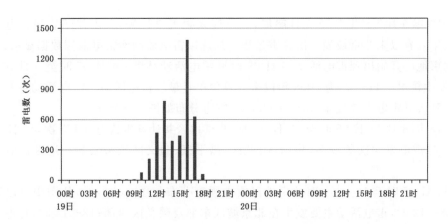

图 5.3　2013 年 3 月 19—20 日广东省逐小时雷电次数分布图

　　2013 年 3 月 19 日 09—18 时广东省逐两小时雷电分布如图 5.4 所示。从两小时雷电分布图来看,广东省北部肇庆、韶关和清远地区雷电发生时间集中在 19 日 09—14 时,珠江口西南侧茂名和阳江等地区雷电发生时间集中在 19 日 11—14 时,珠江口沿岸江门、中山、深圳等地区雷电发生时间集中在 15—16 时,梅州市北部地区雷电也集中在 15—16 时。

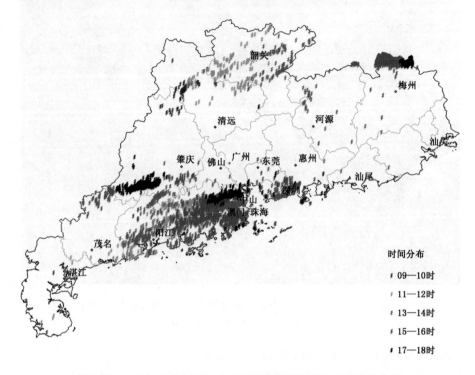

图 5.4   2013 年 3 月 19 日 09—18 时广东省逐两小时雷电分布图

三、2013 年汛期期间北京地区强雷电活动

(1)2013 年 6 月 4 日上午至 5 日凌晨,北京迎来强天气过程,大雨伴随着强雷电袭击京城,这是该年入春以来北京最强一次春雷过程。据国家雷电监测网雷电监测数据显示,4 日 07 时 44 分北京地区开始出现雷电活动,5 日 05 时后雷电活动结束。4 日 07 时至 5 日 04 时,北京地区共发生雷电 7 115 次,为 2008 年以来 6 月份单日最强雷电活动。雷电活动主要集中在北部地区,延庆县雷电次数最多,达到 1 628 次,雷电分布如图 5.5 所示。

(2)2013 年 8 月 11 日 05 时至 12 日 05 时,北京地区共计发生雷电 5 465 次,11 日 08—09 时、14—19 时雷电发生次数较多,房山区、城区、昌平区、顺义区及密云县等地区雷电活动较频繁。

8 月 11 日 05 时至 12 日 05 时北京地区雷电强度分布如图 5.6 所示,从图中可以看出,8 月 11 日 06—12 时,雷电活动主要发生在北京城区东部及顺义区西部;13—15 时,雷电活动集中在城区西部、昌平区南部、顺义区西南部、房山区东部等地;16—18 时,北京各地区均有雷电活动发生,城区、密云县、平谷区等地雷电活动较为频繁;19—22 时,雷电活动主要发生在密云县;22 时以后,北京地区雷电活动减弱。

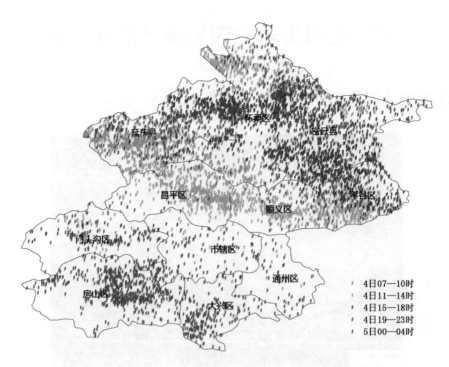

图5.5 2013年6月4日07时至5日04时北京地区雷电分布图

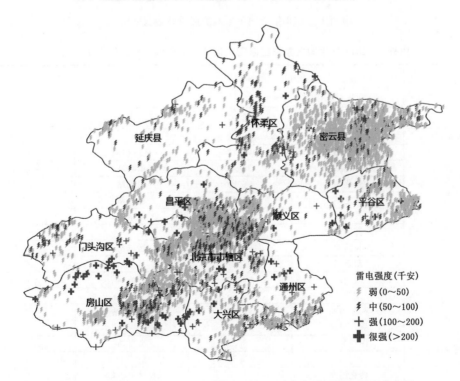

图5.6 2013年8月11日05时至12日05时北京地区雷电强度分布图

附录:全国雷电监测网运行情况统计

一、国家雷电监测网单个探测站运行情况

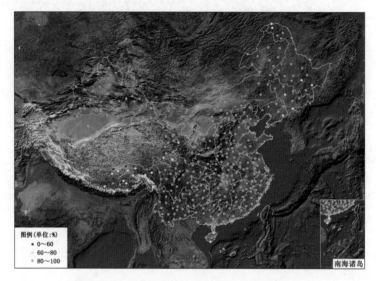

附图1　2013年全国雷电监测网单站运行率图

附表1　2013年中国气象局国家雷电监测网单个探测站运行率统计表

省(区、市)	站名	运行率 (%)	站名	运行率 (%)
北京	北京站	93.07		
天津	天津站	99.52		
河北	丰宁站	98.12	张家口站	98.91
	秦皇岛站	100.00	围场站	95.42
	遵化站	96.58	蔚县站	99.59
	保定站	98.26	赵县站	98.77
	吴桥站	98.16	乐亭站	95.25
	邯郸站	95.42		
山西	长治站	99.52	运城站	99.08
	阳泉站	98.67	吕梁站	95.56
	大同站	97.30	忻州站	92.14
	太原站	99.35		
内蒙古	阿尔山站	93.07	小二沟站	89.11
	满洲里站	100.00	扎兰屯站	97.98
	图里河站	98.39	突泉站	97.17
	达茂站	95.39	集宁站	100.00
	博克图站	97.58	和林格尔站	99.73
	陈巴尔虎旗站	100.00	东胜站	100.00
	正蓝旗站	98.87	霍林郭勒站	99.62

续表

省（区、市）	站名	运行率 （%）	站名	运行率 （%）
内蒙古	包头站	99.49	胡尔勒站	98.36
	苏尼特右旗站	99.28	新巴尔虎左旗站	94.06
	四子王旗站	96.31	阿鲁科尔沁站	95.83
辽宁	朝阳站	98.84	大连站	92.42
	清原站	98.84	本溪站	94.09
	营口站	98.74	东港站	81.86
	阜新站	98.50	法库站	99.11
	宽甸站	79.17		
吉林	前郭站	95.08	敦化站	99.04
	舒兰站	97.06	桦甸站	88.73
	长春站	76.67	通榆站	95.18
	临江站	62.19		
黑龙江	呼中站	98.70	鸡西站	75.07
	佳木斯站	95.42	绥化站	96.38
	北安站	94.84	通河站	79.75
	牡丹江站	99.45	齐齐哈尔站	95.66
	漠河站	77.70	爱辉站	82.48
	加格达奇站	98.77	呼玛站	84.67
	哈尔滨站	98.19	嘉荫站	99.11
	新林站	99.39	塔河站	94.95
	大庆站	97.17	北极村站	78.07
	伊春站	81.59		
江苏	建湖站	99.25	宜兴站	96.99
	连云港站	99.52	淮安站	95.42
	扬州站	99.49	南通站	98.74
	盱眙站	98.80	南京站	99.11
	徐州站	99.15		
浙江	宁海站	90.78	永康站	99.32
	平湖站	99.52	龙泉站	95.12
	淳安站	98.87	定海站	99.45
	江山站	100.00	洪家站	99.49
	诸暨站	98.67		
安徽	宣城站	100.00	蚌埠站	94.02
	阜阳站	97.51	六安站	96.31
	安庆站	100.00	黄山站	96.24
	合肥站	100.00		
福建	龙岩站	98.98	福鼎站	99.35
	宁化站	98.46	福州站	98.63
	平潭站	98.84	南平站	99.45
	厦门站	99.52	武夷山站	99.49
	德化站	99.28		
江西	广昌站	93.03	泰和站	94.74
	九江站	98.63	宜春站	91.33
	寻乌站	92.55	临川站	98.02
	上饶站	94.19	修水站	98.50
	景德镇站	94.06	南昌站	95.66
	赣县站	97.40	鹰潭站	96.28

续表

省(区、市)	站名	运行率（%）	站名	运行率（%）
山东	青岛站	99.52	河口站	99.15
	兖州站	85.48	寒亭站	99.52
	蒙阴站	97.58	威海站	100.00
	章丘站	100.00		
河南	正阳站	97.85	信阳站	96.72
	西华站	99.42	卫辉站	98.91
	嵩县站	97.95	渑池站	97.92
	商丘站	94.43	濮阳站	95.87
	内乡站	100.00	泌阳站	99.08
	卢氏站	97.71	林州站	95.80
	开封站	97.03	焦作站	99.59
	固始站	91.22	登封站	98.94
	宝丰站	97.58		
湖北	恩施站	96.21	神农架站	94.95
	天门站	98.50	随州站	98.91
	荆门站	99.49	宜昌站	99.08
	十堰站	99.45	麻城站	99.59
	荆州站	99.45	咸宁站	97.75
	襄阳站	98.26	武汉站	99.56
	巴东站	98.39		
湖南	衡阳站	96.82	长沙站	99.45
	郴州站	96.69	邵阳站	95.56
	岳阳站	95.66	永州站	97.17
	常德站	96.79	安化站	91.77
	怀化站	95.25	张家界站	97.92
广东	汕尾站	98.87	广宁站	97.64
	珠海站	99.52	恩平站	99.62
	汕头站	97.40	电白站	97.88
	韶关站	99.32	梅州站	94.06
	博罗站	99.52		
广西	桂林站	98.29	贵港站	99.52
	玉林站	97.03	北海站	97.81
	柳州站	100.00	宁明站	99.45
	百色站	99.49	马山站	94.26
	贺州站	98.57	梧州站	100.00
	河池站	100.00		
海南	海口站	78.11	永兴岛站	99.52
	琼海站	95.08	琼中站	85.72
	东方站	81.42	三亚站	64.04
重庆	云阳站	98.33	酉阳站	99.45
	石柱站	99.45	城口站	88.08
	沙坪坝站	99.42		
四川	红原站	99.56	九龙站	86.99
	壤塘站	99.52	雅安站	98.46
	广元站	99.45	巴塘站	99.56
	康定站	99.45	温江站	99.52
	自贡站	99.21	会理站	99.52

续表

省(区、市)	站名	运行率(%)	站名	运行率(%)
四川	绵阳站	96.76	越西站	94.60
	理塘站	99.52	马尔康站	99.49
	达州站	91.33	小金站	92.59
	理县站	97.68	木里站	94.54
	九寨沟站	98.22	遂宁站	99.52
	甘孜站	93.10	南部站	99.18
	白玉站	94.19	道孚站	97.58
贵州	思南站	99.52	桐梓站	96.76
	凯里站	95.94	赤水站	95.29
	安顺站	100.00	从江站	98.29
	道真站	100.00	黎平站	99.28
	兴义站	94.84	息烽站	97.68
	望谟站	96.69	毕节站	99.15
云南	施甸站	92.62	瑞丽站	94.13
	耿马站	98.22	泸西站	94.02
	景洪站	97.85	泸水站	98.77
	景谷站	99.56	孟连站	99.52
	广南站	98.39	江城站	87.70
	昆明站	97.03	香格里拉站	97.13
	元江站	98.84	金平站	99.69
	大理站	96.99	昭通站	97.68
	丽江站	99.52	元谋站	89.04
	双柏站	99.45	玉溪站	98.80
	东川站	99.21	文山站	98.74
西藏	嘉黎站	66.84	日喀则站	81.08
	帕里站	60.72	班戈站	65.16
	昌都站	63.46	泽当站	64.14
	拉萨站	60.93	浪卡子站	100.00
	定日站	62.23	那曲站	62.30
	林芝站	99.93	错那站	74.28
	索县站	64.79	察隅站	62.57
	洛隆站	67.55	安多站	47.30
	左贡站	53.76	申扎站	61.10
陕西	宝鸡站	99.01	安康站	98.29
	西安站	98.57	商南站	98.70
	吴旗站	99.49	绥德站	98.84
	汉中站	99.11	宜君站	99.25
	人荔站	99.01		
甘肃	肃南站	96.62	酒泉站	94.23
	张掖站	87.36	玉门站	84.19
	天水站	100.00		
青海	西宁站	99.52	门源站	99.45
	共和站	91.84	久治站	79.82
	果洛站	99.42	刚察站	99.56
	兴海站	91.26	达日站	75.20
	河南站	98.57	民和站	63.01

续表

省(区、市)	站名	运行率 (%)	站名	运行率 (%)
宁夏	同心站	97.27	盐池站	98.67
	银川站	93.65	中卫站	98.63
	固原站	98.29		
新疆	伊吾站	99.59	乌苏站	99.52
	乌什站	99.52	乌恰站	98.70
	温泉站	99.39	尉犁站	98.43
	托里站	91.12	托克逊站	96.65
	铁干里克站	97.85	特克斯站	98.39
	塔中站	96.55	塔什库尔干站	99.59
	十三间房站	91.53	鄯善站	92.14
	莎车站	98.50	若羌站	99.42
	且末站	94.54	奇台站	92.04
	皮山站	99.15	莫索湾站	97.71
	民丰站	95.39	米泉站	95.39
	库车站	97.75	精河站	96.24
	红柳河站	97.03	和布克赛尔站	97.85
	哈密市站	92.93	富蕴站	99.59
	福海站	96.31	策勒站	98.57
	北塔山站	98.26	拜城站	82.96
	巴音布鲁克站	91.09	巴仑台站	97.64
	巴里坤站	99.11	巴楚站	97.75
	阿图什站	99.59	阿勒泰站	99.56
	阿拉尔站	98.67	哈巴站	87.91

注:上海无统计资料。

二、国家雷电监测网各省(区、市)探测站运行情况

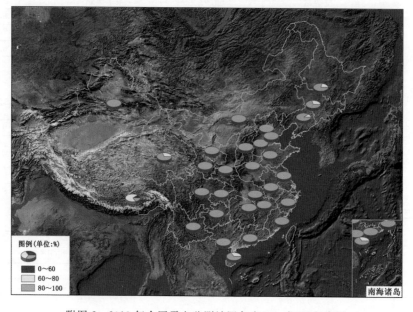

附图2　2013年全国雷电监测站网各省(区、市)运行率图

附表 2　2013 年国家雷电监测网各省(区、市)运行率统计表

省(区、市)	总运行率 (%)	运行率 <60%站数	运行率 60%～80%站数	运行率 >80%站数	总站数
北京	100.00	0	0	1	1
天津	99.52	0	0	1	1
河北	94.68	0	0	11	11
山西	97.38	0	0	7	7
内蒙古	97.58	0	0	20	20
辽宁	93.51	0	1	8	9
吉林	87.71	0	2	5	7
黑龙江	90.91	0	4	15	19
江苏	98.50	0	0	9	9
浙江	97.91	0	0	9	9
安徽	98.30	0	0	7	7
福建	99.11	0	0	9	9
江西	95.37	0	0	12	12
山东	97.32	0	0	7	7
河南	97.41	0	0	17	17
湖北	98.40	0	0	13	13
湖南	96.31	0	0	10	10
广东	98.21	0	0	9	9
广西	98.58	0	0	11	11
海南	83.98	0	2	4	6
重庆	96.95	0	0	5	5
四川	96.38	0	0	24	24
贵州	97.79	0	0	12	12
云南	96.95	0	0	22	22
西藏	67.67	2	13	3	18
陕西	99.15	0	0	11	11
甘肃	92.94	0	0	6	6
青海	89.76	0	3	7	10
宁夏	97.30	0	0	5	5
新疆	96.50	0	0	40	40
总计	94.41	2	25	320	347

注：上海无统计资料。